乡村振兴战略之乡村人才振兴
农民培训精品教材

农产品加工与贮藏保鲜技术

◎ 刘丽红　李　涛　姜海军　主编

中国农业科学技术出版社

图书在版编目(CIP)数据

农产品加工与贮藏保鲜技术 / 刘丽红,李涛,姜海军主编 .—北京:中国农业科学技术出版社,2019. 2(2024.9重印)

ISBN 978-7-5116-4041-3

Ⅰ. ①农… Ⅱ. ①刘…②李…③姜… Ⅲ. ①农产品加工②农产品-贮藏③农产品-保鲜 Ⅳ. ①S37

中国版本图书馆 CIP 数据核字(2019)第 025297 号

责任编辑 白姗姗
责任校对 贾海霞

出 版 者 中国农业科学技术出版社
北京市中关村南大街 12 号 邮编:100081
电 话 (010)82106638(编辑室) (010)82109702(发行部)
(010)82109709(读者服务部)
传 真 (010)82106650
网 址 http://www.castp.cn
经 销 者 各地新华书店
印 刷 者 北京捷迅佳彩印刷有限公司
开 本 850 mm×1 168 mm 1/32
印 张 5. 75
字 数 154 千字
版 次 2019 年 2 月第 1 版 2024 年 9 月第 5 次印刷
定 价 38. 90 元

《农产品加工与贮藏保鲜技术》

编委会

主　编：刘丽红　李　涛　姜海军

副主编：蓝风雷　罗著胜　刘道静
张　波　陈　淑　宋长庚
吴振美　张怀凤　窦仲良
张春艳　贾广辉　褚衍水
张　杰　殷国庆　程道辉
薛守明　董晓红　黄晓莉
陈建玲　郭彦东　李艳红
贾　伦　董晓亮　薛科宇
金子纯

编　委：许敬山　张　琪　关颂娜
孔凡伟　刘　印　郭世利

前　言

农产品加工、贮藏、保鲜的根本目的是降低农产品的产后损失，增加农产品的经济价值，提高农产品的市场竞争力。从农产品的产值构成来看，农产品的产值70%以上是通过产后的贮运、保鲜和加工等环节来实现的。农产品加工业是提升农业整体素质和效益的关键行业，农产品加工业的水平则是衡量一个国家农业现代化程度的重要标志，是促进农民就业和增收的重要途径，也是延伸农业产业链条、拓展农业增值空间、增强农业抵御市场风险能力、提高农产品国际竞争力的重要支撑。

本书围绕农民培训，以满足农民朋友生产中的需求。书中语言通俗易懂，技术深入浅出，实用性强，适合广大农民、基层农技人员学习参考。

编　者

2019年1月

目　录

第一篇　农产品加工

第二篇　农产品贮藏保鲜

第一篇　农产品加工

第一篇　农产品加工

第一章　粮油加工

第一节　淀粉的制取

一、玉米淀粉的生产工艺流程

我国目前的玉米淀粉生产，形成了以引进整套国际先进设备和在消化国际先进设备的基础上自行研制和设计的设备及工艺为主的生产体系，基本上淘汰了工艺陈旧落后、生产规模过小的企业。

玉米淀粉生产包括三个主要阶段，即玉米清理、玉米湿磨和淀粉的脱水干燥。如果与淀粉的水解或变性处理工序连接起来，可以考虑用湿磨的淀粉乳直接进行糖化或变性处理，省去脱水干燥的步骤。

玉米淀粉生产的工艺流程为：

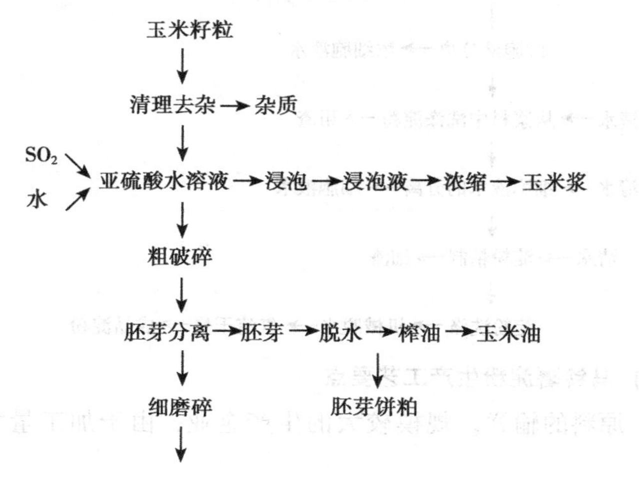

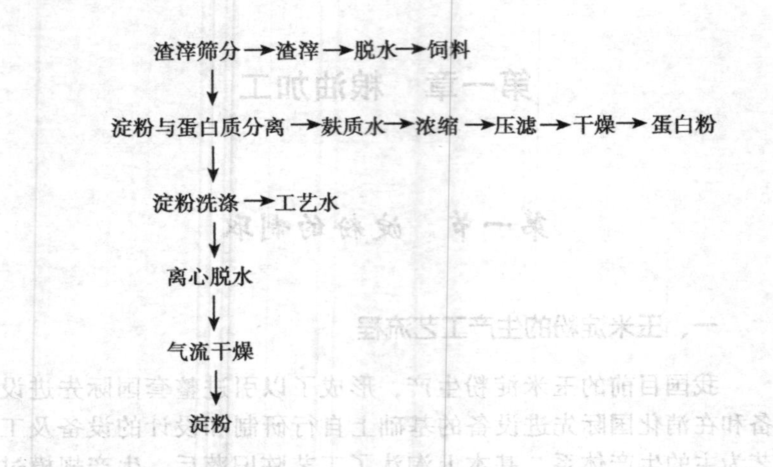

二、马铃薯淀粉的提取

（一）马铃薯淀粉提取工艺流程

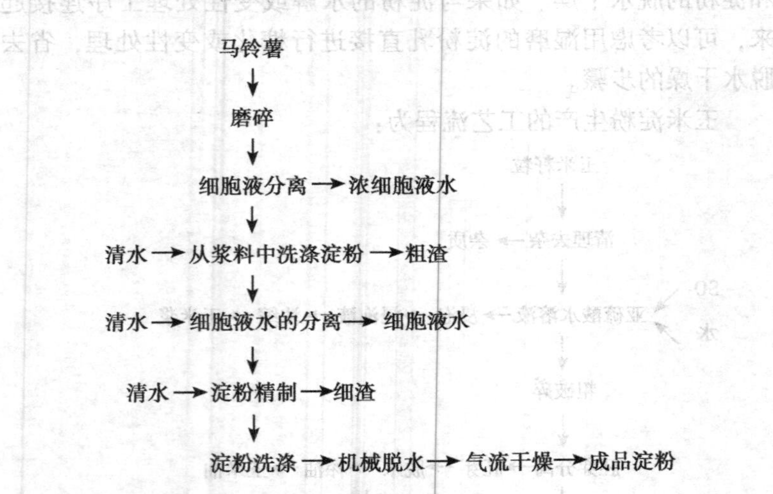

（二）马铃薯淀粉生产工艺要点

（1）原料的输送。规模较大的生产企业，由于加工量大，

原料从贮仓向生产车间输送可采用水力输送。水力输送的方式是通过沟槽。连接仓库和加工车间的沟槽应具有一定的坡度。在始端连续供水，水流携带马铃薯一起流动到生产车间的洗涤工段。在水力输送的过程中，马铃薯表面的部分污泥被洗掉，输送的沟槽越长，马铃薯洗涤得越充分。

（2）马铃薯的洗涤。在水力输送过程中可洗除部分杂质，彻底的清洗是在洗涤机中进行，以洗净附着在马铃薯表面的污染物。洗涤机是通过搅动轴上安装的搅动杆，在旋转过程中使马铃薯在水中翻动，以洗净污物。在沙质土壤中收获的马铃薯洗涤时间可短些，8~10分钟，在黑黏土中收获的马铃薯洗涤时间要长些，12~15分钟。

（3）马铃薯的磨碎。马铃薯磨碎的目的在于尽可能地使块茎的细胞破裂，并从中释放出淀粉颗粒。磨碎时多采用擦碎机，擦碎机的工作是通过在旋转的转鼓上安装带齿的钢锯对进入机内的马铃薯进行擦碎操作。擦碎后的马铃薯悬浮液由破裂的和未破裂的细胞、细胞液及淀粉颗粒组成。除擦碎机外，也可采用粉碎机进行破碎，如锤片式粉碎机等。

（4）细胞液的分离。磨碎后，从马铃薯细胞中释放出来的细胞液是溶于水的蛋白质、氨基酸、微量元素、维生素及其他物质的混合物。天然的细胞液中含干物质4.5%~7%。这些细胞液在空气中氧气的作用下，发生氧化作用导致淀粉的颜色发暗。为了合理地利用马铃薯中的营养成分，改善加工淀粉的质量，提高淀粉产量，应将这部分细胞液进行分离。

分离细胞液是通过离心机进行的。在分离时应尽量减少淀粉的损失。分离出的浓细胞液可作为副产品加以利用。为了便于浆料的输送，分离出细胞液的含淀粉的浆料，可用净水或工艺水按1：1至1：2的比例加以稀释，送至下道工序。

（5）从浆料中洗涤淀粉。分离出细胞液后再用水稀释的马铃薯浆料是一种水悬浮液，其中包含了淀粉颗粒、破裂及未破裂的马铃薯细胞，还有残留在浆液中的部分可溶性物质。本工

序的任务是从浆料中筛除粗渣滓。方法是用水把浆料在不同结构的筛分设备上，用不同的工艺流程进行洗涤。可选用振动筛、离心喷射筛、弧形筛等。粗渣留在筛面，筛下物包括淀粉及部分细渣的水悬浮液。

（6）细胞液水的分离。在上面工序中被冲洗出来的筛下物悬浮液中的干物质浓度只有3%~4%，其中较稀释后的细胞水由于仍含有易被空气中氧气氧化的成分，所以容易变成暗褐色，而影响淀粉的颜色。应立即用离心机将其稀释后的细胞液水分离出去。所用设备为卧式沉降式离心机。

（7）淀粉乳的精制。淀粉乳精制就是把大部分细渣从淀粉乳中清除。精制环节对马铃薯淀粉最终质量有很大影响。进入精制的淀粉乳中淀粉占干物质质量的91%~94%，其余大部分为细渣滓。淀粉乳的精制一般也在振动筛、离心筛或弧形筛上进行。筛网应采用双料筛绢或尼龙筛绢，每平方厘米筛孔数在1 400个以上，孔眼尺寸在140~160微米，筛孔有效面积占筛面的34%左右。

筛洗方法是将在离心机上分离出汁液水后的浓缩淀粉乳用水稀释至物质浓度为12%~14%，然后进行筛洗。筛洗后的淀粉乳中细渣占淀粉乳的干物质量不能大于0.5%。

（8）细渣的洗涤。在淀粉乳精制工序中，留在筛面的细渣滓中，还含有30%~60%的游离淀粉。为了分离出这些淀粉，要对这些细渣进行洗涤。由于细渣和淀粉在大小和质量上相差不大，所以不易分离，最好采用曲筛洗涤工艺。

（9）淀粉乳的洗涤。经过精制的淀粉乳中淀粉的干物质纯度可达97%~98%，但还有2%~3%的杂质，主要是细砂、纤维及少量的可溶性物质，有必要再进行清洗。清除砂和洗涤淀粉可采用不同类型的旋液分离器进行。

（10）淀粉的干燥。马铃薯淀粉的脱水和干燥，也和玉米淀粉的干燥相似，采用机械脱水和气流干燥工艺。

三、甘薯淀粉的生产

生产甘薯淀粉的原料有鲜甘薯和甘薯干。鲜甘薯由于不便运输，贮存困难，因而必须及时加工。用鲜甘薯加工淀粉的季节性强，甘薯要在收获后两三个月内被加工，因而不能满足常年生产的需要，所以鲜甘薯淀粉的生产多属小型工业或农村传统作坊式。一般工业生产都是以薯干为原料，可实现机械化操作，淀粉的得率也较高。下面主要介绍以甘薯干为原料的淀粉加工工艺。

以甘薯干为原料生产淀粉的工艺流程为：甘薯干→预处理→浸泡→破碎→筛粉→流槽分离→碱处理→清洗→酸处理→清洗→离心分离→干燥→成品淀粉。

(1) 预处理。甘薯干在加工和运输过程中混入了各种杂质，所以必须经过预处理。方法有干法和湿法两种，干法是采用筛选、风选及磁选等设备，湿法是用洗涤机或洗涤槽清洗除去杂质。

(2) 浸泡。为了提高出淀粉率可采用石灰水浸泡，使浸泡液 pH 值在 10~11，浸泡时间约 12 小时，温度控制在 35~40℃，浸泡后甘薯片的含水量 60%左右。然后用水淋洗，洗去色素和尘土。

用石灰水浸泡甘薯片的作用：一是使甘薯片中的纤维膨胀，以便在破碎后和淀粉分离，并减少对淀粉颗粒的破碎。二是使甘薯片中的色素溶液渗出，留存于溶液中，可提高淀粉的白度。三是石灰钙可降低果胶等胶体物质的黏性，使薯糊易于筛分，提高筛分效率。四是保持碱性，抑制微生物活性。五是使淀粉乳在流槽中分离时，回收率增高，并可不被蛋白质污染。

(3) 磨碎。磨碎是薯干淀粉生产的重要工序。磨碎的好坏直接影响产品的质量和淀粉的收回率。浸泡后的甘薯片随水进入锤片式粉碎机进行破碎。一般采用二次破碎，即甘薯片经第一次破碎后，筛分出淀粉，再将筛上的薯粉进行第二次破碎，

然后过筛。在破碎过程中，为降低瞬时温升，根据二次破碎粒度的不同，调整粉浆浓度，第一次破碎为3°～3.5°Be，第二次破碎为2°～2.5°Be。

（4）筛分。经过磨碎得到的甘薯糊，必须进行筛分，分离出粉渣。筛分一般分粗筛和细筛两次处理。粗筛使用80目尼龙布，细筛使用120目尼龙布。在筛分过程中，由于浆液中所含有的果胶等胶体物质易滞留在筛面上，影响筛分的分离效果，因此应经常清洗筛面，保持筛面畅通。

（5）流槽分离。经筛分所得的淀粉乳，还需进一步将其中的蛋白质、可溶性糖类、色素等杂质除去，一般采用沉淀流槽。淀粉乳流经流槽，相对密度大的淀粉沉于槽底，蛋白质等胶体物质随汁水流出至黄粉槽，沉淀的淀粉用水冲洗进入漂洗池。

（6）碱、酸处理和清洗。为进一步提高淀粉乳的纯度，还需对淀粉进行碱、酸处理。用碱处理的目的是除去淀粉中的碱溶性蛋白质和果胶杂质。用酸处理的目的是溶解淀粉浆中的钙、镁等金属盐类。淀粉乳在碱洗过程中往往增加了这类物质，如不用酸处理，总钙量会过高，用无机酸溶解后再用水洗涤除去，便可得到灰分含量低的淀粉。

（7）离心脱水。清洗后得到的湿淀粉的水分含量达50%～60%，用离心机脱水，使湿淀粉含水量降到38%左右。

（8）干燥。湿淀粉经烘房或气流干燥系统干燥水分含量至12%～13%，即得成品淀粉。

第二节　淀粉糖的制作

淀粉糖在我国是一种传统的甜食品，是以淀粉质——大米、玉米、高粱、薯类为原料经糖化剂作用生产。糖分组成主要为麦芽糖、糊精及低聚糖，营养价值较高，甜味柔和、爽口，是婴幼儿的良好食品。我国特产“麻糖”“酥糖”、麦芽糖块、花生糖等都是淀粉糖的再制品。

饴糖的生产根据原料形态不同，有固体糖化法与液体酶法。前者用大麦芽为糖化剂，设备简单，劳动强度大，生产效率低，后者先用α-淀粉酶对淀粉浆进行液化，再用麸皮或麦芽进行糖化，用麸皮代替。下表所列为各类麦芽糖浆的主要糖组成成分。

表　各类麦芽糖浆的主要糖组成成分　　单位：%

类别	DE	葡萄糖	麦芽糖	麦芽三糖	其他
淀粉糖	35~50	10 以下	40~60	10~20	30~40
高麦芽糖浆	35~50	0.5~3	45~70	10~25	
超高麦芽糖浆	45~60	1.5~2	70~85	8~21	

以麦芽作糖化剂，既节约粮食，又简化工序，现已普遍使用。但用麸皮作糖化剂，用前需对麸皮的酶活力进行测定，β-淀粉酶活力低于2 500单位/克（麸皮）者不宜使用，否则用量过多，会增加过滤困难。

一、工艺流程

饴糖液体酶法生产工艺流程为：原料（大米）清洗→浸渍→磨浆→调浆→液化→糖化→过滤→浓缩→成品。

二、操作要点

(1) 原料。以淀粉含量高，蛋白质、脂肪、单宁等含量低的原料为优。蛋白质水解生成的氨基酸与还原性糖在高温下易发生羰氨反应生成红、黑色素；油脂过多，影响糖化作用的进行；单宁氧化，使淀粉糖色泽加深。据此，以碎大米，去胚芽的玉米胚乳，未发芽、未腐烂的薯类为原料生产的饴糖，品质为优。

(2) 清洗。去除灰尘、泥沙、污物。

(3) 浸渍。除薯类含水量高不需要浸泡外，碎大米需在常温下浸泡1~2小时，玉米浸泡12~14小时，以便湿磨浆。

（4）磨浆。不同的原料选用的磨浆设备不同，但要求磨浆后物料的细度能通过60~70目筛。

（5）调浆。加水调整粉浆浓度为18°~22°Be，再加碳酸钠液调pH值为6.2~6.4，然后加入粉浆量0.2%氯化钙，最后加入α-淀粉酶酶制剂，用量按每克淀粉加α-淀粉酶80~100活力单位计（30℃测定），配料后充分搅匀。

（6）液化。将调浆后的粉浆送入高位贮浆桶内，同时在液化罐中加入少量底水，以浸没直接蒸汽加热管为止，进蒸汽加热至85~90℃，再开动搅拌器，保持不停运转。然后开启贮浆桶下部的阀门，使粉浆形成很多细流均匀地分布在液化罐的热水中，并保持温度在85~90℃，使糊化和酶的液化作用顺利进行。如温度低于85℃，则黏度保持较高，应放慢进料速度，使罐内温度升至90℃后再适当加快进料速度。待进料完毕，继续保持此温度10~15分钟，并以碘液检查至不呈色时，即表明液化效果良好，液化结束。最后升温至沸腾，使酶失活并杀菌。

（7）糖化。液化醪迅速冷却至65℃，送入糖化罐，加入大麦芽浆或麸皮1%~2%（按液化醪量计，实际计量以大麦芽浆或麸皮中的β-淀粉酶100~120单位/克淀粉为宜），搅拌均匀，在控温60~62℃温度下糖化3小时左右，检查DE值到35~40时，糖化结束。

（8）压滤。将糖化醪乘热送入高位桶，利用高位差产生的压力，使糖化醪流入板框式压滤机内压滤。初滤出的滤液较浑浊，由于滤层未形成，需返回糖化醪重新压滤，直至滤出清汁才开始收集。压滤操作不宜过快，压滤初期推动力宜小，待滤布上形成一薄层滤饼后，再逐步加大压力，直至滤框内由于滤饼厚度不断增加，使过滤速度降低到极缓慢时，才提高压力过滤，待加大压力过滤而过滤速度缓慢时，应停止进行压滤。

（9）浓缩。分两个步骤，先开口浓缩，除去悬浮杂质，并利用高温灭菌；后真空浓缩，温度较低，糖液色泽淡，蒸发速度也快。

①开口浓缩：将压滤糖汁送入敞口浓缩罐内，间接蒸汽加热至90~95℃时，糖汁中的蛋白质凝固，与杂质等悬浮于液面，将悬浮物先行除去，再加热至沸腾。如有泡沫溢出，及时加入硬脂酸等消泡剂，并添加0.02%亚硫酸钠脱色剂。至浓缩至糖汁浓度达25°Be停止。

②真空浓缩：利用真空罐的真空将25波美度糖汁自吸入真空罐，维持真空度在79 993.2帕左右（温度为70℃左右），浓缩至糖汁浓度达42波美度/20℃停止，解除真空，放罐，即为成品。

第三节　面粉制品加工

一、饼干

饼干是由面粉、糖、油及牛奶、蛋黄、疏松剂等原辅材料，经调粉制面团、辊乳、成型、焙烤而成的。现以甜饼干为例，介绍饼干加工基本理论及工艺综述。甜饼干可分为以下两种。

（1）韧性饼干。凹花案，外观光滑，印纹清晰，断面结构有层次，口感松脆耐嚼。

（2）酥性饼干。凸花案，表面花纹明显，断面结构细，孔洞显著，糖油量较韧性饼干高，口感酥脆。

（一）工艺流程

原辅料选择→面团调制→辊轧→成型→培烤→冷却、包装→成品。

（二）操作要点

（1）原辅料预处理。面粉为专用饼干粉或弱力粉。常用的糖有白砂糖、淀粉糖浆、淀粉糖或果葡糖浆。具有良好起酥性的油脂有猪板油、氢化猪油、掺和型猪油起酥油、人造奶油、氢化棉籽油、奶油等。豆油、菜籽油的起酥性差。蛋和蛋制品

如鲜蛋、全蛋粉、蛋白粉和蛋黄粉等。鸡蛋不但营养成分全面，易被人体吸收利用，而且在饼干配料中添加鸡蛋，可以增加鸡蛋固有的香味，在烘烤时易于上色。所有高档的饼干均不同程度地添加乳制品，可赋予产品优良风味及营养价值，如奶油饼干等。化学疏松剂常采用小苏打与碳酸氢铵混用。水是饼干加工中不可缺少的原料，水质要符合国家饮用水标准。添加食盐可增进制品风味，增加面团的弹性，调节发酵速度，改善制品的内部色泽。其他辅助料及添加剂有香精、抗氧剂、柠檬酸、焦糖等。

（2）面团调制。要求调制的面团应稍有延伸性、良好的塑性、黏性很小、没有弹性、软硬适度等物理性质。面粉蛋白质和淀粉的吸水性能，决定着面团的物理性质。面粉中蛋白质含量、面筋质强弱以及粉粒大小影响着面团的物理性质。配料中的糖、油脂、蛋等也影响着面团的物理性质。

①韧性面团调制：俗称“热粉”。工艺要素如下。

掌握加水量：其含水量控制在18%~21%。

控制面团温度及投料顺序：韧性面团温度控制在38~40℃，一般先将油、糖、奶、蛋等辅料加热水或热糖浆（冬天可使用85℃以上热糖浆）在和面机中搅匀，再将面粉投入进行调制，如使用改良剂（磷酸氢钙），则应在面团初步形成时（约调制10分钟后）加入。最后才将香精、疏松剂（小苏打与碳酸氢铵）加入，继续调制，前后约40分钟，即可成韧性面团。

静置时间：一般15~30分钟。

②酥性面团调制：俗称“冷粉”。工艺要素如下。

投料顺序：先将油、糖、奶、蛋、疏松剂等辅料与适量的水送入和面机，搅拌成乳浊状，才将面粉、淀粉及香精投入，继续搅拌6~12分钟。夏季气温高，可缩短搅拌时间2~3分钟。

加水量：酥性面团要求含水量在13%~18%。

面团温度：酥性面团温度以控制在26~30℃为宜，甜酥性面团温度以19~25℃为宜。

（3）辊轧。在辊压机内完成。要求面片厚薄一致、形态平整、层次清晰、质地细腻、弹性低、结合力好、塑性大。面团在一个方向辊轧后，应旋转90°再进行辊轧，使面片的纵向和横向张力一致。

（4）成型。韧性饼干多用冲印成型为各种动物、玩具饼干。酥性饼干多用辊印、辊切、挤花、挤条成型机成型。

（5）焙烤。饼干焙烤经糊化、膨胀、定型、脱水、上色等阶段。一般炉温要求230℃在炉内前端喷蒸汽，使饼坯表面淀粉粒在高温高湿下迅速膨胀糊化，烘烤后表面产生光泽。水分由里向表面（层）移动，疏松剂分解产气，体积增大（200%~250%），上色［棕黄色反应（美拉德反应）、焦糖化反应］，成型。配料中油、糖量多、块形小、饼坯薄和面团韧性小的饼坯，宜采用高温短时焙烤工艺；反之，则采用低温较长时间焙烤工艺。

（6）冷却包装。饼干刚出炉，温度很高，表层可达180℃，中心层110℃，须冷却到30~40℃才能进行包装。冷却分两步进行（烤盘或网带到冷却输送带），相对湿度为70%~80%，温度30~40℃，不能用强烈的冷风吹，防止龟裂。经包装贮藏在20℃，相对湿度为70%~75%，干燥、空气流通、环境清洁、避光、无鼠害的库房。包装材料不透水气即可。

（三）主要质量指标

（1）感官指标。应具有该品种特有的正常色泽、气味、味道及组织状态，不得有酸败、发霉等异味，无可见杂质。

（2）理化指标。酸价（以脂肪计）≤5 毫克/克，过氧化值（以脂肪计）≤0.25 克/100 克，总砷（以 As 计）≤0.5 毫克/千克，铅（Pb）≤0.5 毫克/千克，水分≤6.5 克/100 克。

（3）微生物指标。菌落总数≤750cfu/克，致病菌不得检出。

（四）主要设备

打蛋机、和面机、烘烤设备、包装设备。

二、面包

面包是以小麦面粉或燕麦粉为主要原料，添加盐、水、酵母或糖、盐、油、蛋、奶、酵母等调制成面团经发酵、整形、成型和烘烤而成。

面包的种类很多，如按面粉品种分为白面包、黑面包。按加糖、盐量不同分为甜面包、咸面包。按配料不同分为普通面包、高级面包、果子面包、夹馅面包、油炸面包、营养面包。按形状分为圆面包、枕形面包、梭形面包、各种花样面包等。面包面团的发酵方法目前国内大多采用二次发酵法。

（一）工艺流程

原辅料处理→第一次调制面团→第一次发酵→第二次调制面团→第二次发酵→整形→成型（醒发）→烘烤→冷却包装。

（二）操作要点

（1）原辅料处理。

①面粉：为专用面包粉或强力粉。进行质量检查，过筛除去杂质，使面粉微粒松散，混入一定量空气，有利于面团形成及酵母菌生长繁殖。

②酵母：面包必需疏松剂。

③水：中等硬度清洁饮用水，pH 值以 5.0~5.8 为宜。

④食盐、糖等需溶化、过滤，蛋、奶粉须加水调成乳浊液。

（2）面团调制。面包二次发酵法工艺分两次调制面团，两次发酵，第一次称接种面团，第二次称主面团。面团调制基本同前韧性面团调制理论，要求面筋形成多，延伸性、韧性大，并防止面筋水解。第一次调制：面粉加 30%~70%，全部酵母液少量水（占总水量 30%~60%）搅拌 10 分钟左右，调制成软硬适度的面团，即可进行第一次发酵。第二次调制：加入所需的水、面粉和配料最后加入油脂调匀，即可进行第二次发酵。调制面团时应注意以下几点。

①酵母在面团中分布均匀。

②调好的面团含水量在45%左右，不得有粉粒现象。

③产品温度要求28~30℃，冬天常用热水调制，但热水温度不得超过50℃。

（3）面团发酵。主要是使酵母菌繁殖、发酵，产生大量的CO_2和其他风味物质，使面团膨松富有弹性，并赋予成品特有的色、香、味、形。第一次发酵：控制温度25~30℃，相对湿度75%，经2~4小时，当面团膨胀呈蘑菇状时发酵成熟。第二次发酵：温度20~30℃，时间2~3小时。判断面团发酵成熟的方法有：嗅其味有强烈的酒香味，面团起发到一定高度，上表面微向下塌落，即表示发酵成熟。若上表面未下陷表示发酵不足，下陷大则发酵过度。

发酵时间长短是以控温高低、接种量（酵母用量）及酵母活力而定。在发酵中面团品温控制在25~28℃为适宜。最高不得超过30℃，达33℃以上就有变酸可能，面团质量下降。

第二次发酵成熟，应立即进行揿粉。方法是外向内翻，内向外翻，底向上翻。作用是：可驱除CO_2，补充新鲜空气，促使酵母进行有氧呼吸，防止产酸，使组织结构疏松，并产生良好风味。揿粉2~3次。

（4）整形和醒发。整形工序包括分块、称量、搓圆、静置、做型、装盘等工序。将整形好的面包坯在入炉前进行最后一次发酵，称醒发。整形室要求温度25~28℃，相对湿度65%~70%。醒发室温度30~36℃，相对湿度80%~90%，时间45~90分钟。为了皮色美观、光亮，醒发前后可在面包坯表面刷上一层蛋液或糖浆。

（5）烘烤。面包入炉后烘烤过程经过三个阶段：第一阶段为体积增大阶段，要求面火要低（120℃），底火要高（250℃），湿度要高（60%~70%），避免面包坯表面很快结壳，影响面包体积膨大。当面包品温达50~60℃便进入第二阶段，要求炉温达到最高，面火260℃，底火不超过270℃，完成面包坯定型。

第三阶段为上色阶段，要求面火温度较高（180~200℃），底火温度低（150~160℃），促进表面褐变上色。应避免炉温过高，造成面包焦煳现象。面包坯烘烤时间以炉温高低和面包大小、形状而定。一般小面包烘烤 5~10 分钟，大面包烘烤 20~30 分钟。

（6）冷却、包装。刚出炉面包温度很高，中心部位品温约 98℃，必须冷却至接近室温才能进行包装。常用通风冷却，温度 22~26℃，相对湿度 80%~85%，空气流速 300~400 米/分为宜。包装材料常用耐油纸、蜡纸、聚乙烯或聚丙烯等。

（三）主要质量指标

（1）感官指标。面包形态完整，无缺损、龟裂、凹坑，形状应与品种造型相符，色泽呈金黄色或淡棕色，均匀一致。应具有面包香味，无异味。松软适口，组织细腻，有弹性，切面气孔大小均匀，纹理清晰。无杂质、无霉变、无虫害、无污染。

（2）理化指标。水分（面包中心部位）34%~44%，酸度不超过 6.0 度，砷（以 As 计）≤0.5 毫克/千克，铅（以 Pb 计）≤0.5 毫克/千克。

（3）微生物指标。大肠菌群≤30 个/100 克，致病菌不得检出。

（四）主要设备

打蛋机、和面机、烘烤设备、包装设备。

第四节　米制品加工

一、方便米粉

（一）工艺流程

原料配比→除杂洗米→浸泡→粉碎→混合→榨粉→复蒸→梳理→烘干→切割→包装。

（二）操作要点

（1）原料配比（%）。晚籼米50、粳米40、马铃薯变性淀粉5、粉头子4.7、单甘脂0.3。

（2）除杂洗米。按比例将配好的大米去石除杂，后用连续喷射洗米器洗米、洗去灰尘及轻杂，以保证产品质量。

（3）浸泡。让米粒按工艺要求吸收所需水分，软化米粒。经过一段时间的浸泡，米粒结构变得疏松，容易粉碎或磨浆，且产量高、粗细度均匀细腻，生产出的米粉条韧性大，口感好。浸泡时间以2~4小时为宜，一般水分含量不超过30%，否则，粉碎机容易堵塞筛孔。检查浸泡程度，可用拇指与食指揉搓米粒，能搓碎且无颗粒感即达到要求。

（4）粉碎。在粉碎机中进行，大米粉末应通过60~80目的网筛。粉碎会出现不均匀情况，在粉碎后道设置检查筛，筛下物进入下道工序，筛上物重新入机粉碎。

（5）混合。大米经粉碎后，含水量往往偏低，不利于榨粉，应根据工艺需要适当添加一点水分。可同时按比例加入辅料，单甘脂用冷水调成糊状后加入。在混合机中充分搅拌，要求粉料均匀，含水量一致，手捏成团，撞击能散成小块状。

（6）榨粉。将粉状的大米，通过榨粉机制成条状的米粉。榨粉工序实际就是熟化和挤丝成型过程。因此一定要合理控制熟化程度，榨出来的粉既不能过生，又不能过熟。过生榨出来的米粉韧性差，断条率高，吐浆值大。过熟挤丝不顺畅，容易粘连，不利于后面工序的处理。米粉要求组织结构紧密、坚实，粗细一致，表面光滑，无气泡，富有韧性。从榨粉机出来的米粉丝要按适当的长度剪切，一般长度为1.4~1.5米。新挤出的米粉丝要在烘房竹竿上晾一下，让粉丝表面淀粉老化，达到粉丝间相互不粘连即可。

（7）复蒸。是使大米淀粉再进行一次熟化，使其表面进一步糊化，然后再烘干，这样才能保证成品的糊汤率很低，米粉表面光滑、韧性好、咬劲足。复蒸一般都采用高压复蒸柜，柜

内蒸汽的温度超过100℃，高温、高压可缩短蒸粉时间（105℃/5分钟），可大大提高米粉质量。

（8）梳理。复蒸后的米粉丝，挂在竹竿上粘连重叠、散乱，因此一定要在梳理后才能进行烘干。梳条时，先将粉丝放入冷水中浸湿，用手把粘连的米粉丝搓散，再用刷子（小木板上面钉有一些不锈钢钉）轻轻地梳理米粉丝，使每根米粉丝之间互不粘连，即可进行烘干。不经烘干的粉为湿粉，可作鲜粉成品出售，但保质期较短。

（9）烘干。多采用索道式烘房，其烘干温度时间可根据工艺需要任意调节。烘干的热源，可以是蒸汽，也可以是热风。烘房内部一般分为三个干燥室：预干燥室、主干燥室、后干燥室。通常预干燥室24~30℃，运行时间占总烘干时间的10%左右；主干燥室34~40℃，运行时间占70%左右；后干燥室由32℃降至室温，运行时间占20%左右。烘干的调节要视季节、空气温度、湿度等具体情况灵活掌握。干燥要求：水分含量在12%以下，不变色变味，不脆断。

（10）切割。一般采用圆盘式切割机来完成，对切割机锯片的要求是：银片薄、齿多，转速在1 000~1 300转/分。切割长度一般在25~30厘米。

（11）包装。一般采用塑料袋密封包装。通常每袋的重量规格有：250克/袋、350克/袋、450克/袋。在装袋前先进行人工分拣，把条形不直的、有斑点的、长短不一的挑出来作为次档米粉条处理。合格的米粉条经称重后包装即为成品。

（三）主要质量指标

（1）感观指标。色泽呈乳白色、透明、有光泽；气味正常，无酸味、霉味及其他异味；烹调时不糊汤，吃时不粘牙、无牙碜、柔软爽口有咬劲。

（2）理化指标。水分（%）≤14.0，自然断条（%）≤5.0，不整齐度（%）≤10.0，弯曲断条（%）≤6.0，酸度≤5.0，吐浆（%）≤5.0，熟透度（%）≥85.0。

（3）微生物指标。细菌总数 ≤3 000个/克；大肠菌群≤30个/100 克。致病菌不得检出。

（4）保质期。9 个月。

（四）主要设备

比重去石机、连续喷射洗米器、浸泡池、粉碎机、混合机、榨粉机、高压复蒸柜、烘房、圆盘式切割机。

二、速溶大米营养粉

（一）工艺流程

原料精选→破碎→润化→挤压膨化→切段→烘干→粉碎→调配→包装→成品。

（二）操作要点

（1）原料精选。所用大米、黄豆、玉米。风选去杂除石，淘洗晒干。

（2）破碎。用粉碎机分别对大米（60%）、黄豆（20%）、玉米（8%）破碎，颗粒过 20 目筛。

（3）润化。加水调湿，使含水量达到 25%左右。为增加膨化效果，再加入 1.7%的高果糖浆（50 百利度），混合均匀。

（4）挤压膨化。在螺旋挤压膨化机内，原料经高温高压处理，使组织变软，水分呈过热状态，挤出时高压变为常压，水分迅速汽化，原料发生膨化。螺旋挤压膨化机螺杆转速为 60~80 转/分，温度为 160~180℃，压力为 1.2 兆帕。膨化不仅改善了产品的营养成分、溶解性、冲调性，也控制了返生现象。

（5）切段。将挤压膨化的米粉切段，以利烘干操作。

（6）烘干、粉碎。使用连续热风干燥机烘干，在粉碎机中粉碎。

（7）调配。上述大米粉 60%、大豆粉 20%、玉米粉 8%、果糖 1.7%，再加白糖粉 10%、磷酸氢铵 0.2%、食盐 0.1%、少量维生素 C，混合调制均匀，即为速溶米粉。

(8) 包装。采用聚酯袋真空包装。

(三) 主要质量指标

(1) 感官指标。色泽淡黄，具有产品特有香味，呈粉末状。

(2) 理化指标。水分含量≤4%。

(四) 主要设备

粉碎机、挤压膨化机、热风干燥机、真空包装机等。

三、速冻汤圆

(一) 配方

馅料：黑芝麻 18%，白芝麻 12%，白砂糖 30%，淀粉糖 15%，熟面粉 10%，大油 10%，核桃仁 5%，羧甲基纤维素钠（CMC-Na）适量。

皮料：优质糯米 80%~90%，粳米 10%~20%，植物油适量（要求无色无味）。

(二) 工艺流程

原料选用→原料处理→调制馅心、面皮→成型→速冻→包装→成品→入库。

(三) 操作要点

(1) 原料处理。

①黑（白）芝麻：以文火将芝麻炒至九成熟，去皮，分别取 40%的黑芝麻和 60%的白芝麻磨成芝麻酱，使其质感细腻，香味浓郁，其余部分碾成芝麻仁。

②核桃仁：选用成熟度好、无霉烂、无虫害的核桃仁，用沸水（含质量分数 1.0%~1.5%的 $NaHCO_3$）浸泡去皮，炸酥、碾碎至小米粒大小。

③熟面粉：将小麦面粉于笼屉上用旺火蒸 10~15 分钟，其作用是调节焰心的软硬度，缓解油腻感。

④羧甲基纤维素钠（CMC-Na）：将羧甲基纤维素钠（CMC-

Na）先配制成质量分数为3%~5%的乳液，用以调节馅心黏度，使其成团。

⑤水磨米粉的制作：将糯米、粳米按比例掺和，用冷水浸泡米粒至疏松后捞出，用清水冲去浸泡米的酸味，晾干后再加适量水进行磨浆。磨浆时米与水的质量比为1∶1，水太少会影响粉浆的流动性，过多则使粉质不细腻。磨浆后将粉浆装入布袋，吊浆，至1千克粉中含水300毫克即可。

（2）调制馅心。将处理后的黑芝麻、白芝麻、芝麻酱等放入配料中搅拌，再加入油脂、淀粉糖、熟面等，用淀粉糖、羧甲基纤维素钠（CMC-Na）液来调节馅心的黏度和软硬度，使馅心成为软硬适当的团块。

（3）调制米粉面团。将调制好的水磨粉取1/3投入沸水中，使其漂浮3~5分钟后成熟芡。将其余2/3投入机器中打碎，再将熟芡加入，徐徐滴入少量植物油打透、打匀，至米粉细腻、光洁、不黏为止。芡的用量可根据气温作适当调节，天热则可减少一点，天冷则多一点。否则，芡的用量太多会使面粉黏乎不易成型，太少则易使产品出现裂纹。植物油具有保水作用，加入适量植物油可有效避免速冻汤圆长期贮存后，因表面失水而开裂。该油脂应无色无味，不但不影响汤圆的颜色，而且可增加速冻汤圆的表面光洁度。

（4）成型。根据成品规格，将米粉面团和馅团分成小块，可手工包制，或由机器完成。

（5）速冻。将成型后的汤圆迅速放入速冻室中，要求速冻库的温度在-40℃左右。在10~20分钟内使汤圆的中心温度迅速降至-12℃以下，此时出冷冻室。汤圆馅心和皮面内均含有一定量的水分，如果冻结速度慢，表面水分会先凝结成大块冰晶，逐步向内冻结，内部在形成冰晶的过程中会产生张力而使表面开裂。速冻可使汤圆内外同时降温，形成均匀细小的冰晶，从而保证产品质地的均一性。即使是长期贮存，其口感仍然细腻、糯软。

（6）包装入库。包装材料应有一定的机械强度，密封性强，冷库温度为-18℃，这样可将汤圆水分降低至最低程度。速冻汤圆在贮存和运输过程中应避免温度波动，否则产品表面将有不同程度的融化，再冻结，造成冰晶不匀，产品受压开裂。

第五节 玉米制品加工

一、玉米粉丝

（一）工艺流程

配料与处理→挤丝成型→老化→剪粉→洗粉→晾晒→包装。

（二）操作要点

（1）配料与处理。选用干净、无杂质、金黄色玉米粉，粉粒细度在120目以上，按玉米粉与玉米淀粉比例1∶1混合，加入食用油、盐、清水配制而成。上述25千克干粉加入500克油、1.2千克盐、3千克清水，配料在封闭搅拌机中均匀搅拌，粗拌时间不少于10分钟，然后再细拌2~3分钟。原料粉要求色泽均匀，具有良好的可塑性和延伸性，含水量在38%~40%。

（2）挤丝成型。配料后在玉米粉丝机中挤丝成型。选用出丝源1.3毫米的刀头，原料通过螺旋加压挤丝，粉丝机温度控制在120℃。成型前熟化，粉丝黄亮不易折断，均匀不粘连，无毛刺，无异味。当达到2米左右剪断，成粉丝条。

（3）老化。粉丝条层层平铺在案上，100千克粉丝条为一案，上下两面铺净白布，再用塑料布包裹，密不透风。夏天要焖6~8小时，冬天要焖5~6小时。老化可以使粉丝表面水分均匀，自然渗入内部，增加凝胶强度，增强口感，达到不粘手，柔韧而有弹性。

（4）剪粉、洗粉。专用刀具切断成30厘米粉丝段，装入塑料箱，温水池浸泡5分钟，水温25~30℃，分段搓粉，将粘连

条搓开成散丝，不能用力过大，以免粉丝断裂。去除粗条、粉块、杂质和搓不散的粉丝条。

(5) 晾晒。将洗粉后的粉丝，选择通风向阳处搭架，均匀晾晒，其间翻转数次，晒干。

(6) 包装。称重装袋加压封口，包装完成后检查装袋无破损、无漏气，装箱贮运。

(三) 主要质量指标

(1) 感官指标。表面光洁，无断条，色泽金黄透明，无霉味、酸味、异味，具有正常的玉米制品香味。口感爽滑有韧性，不碜牙。

(2) 理化指标。水分含量≤12%。复水性：沸水泡 5 分钟即可食用。

(3) 微生物指标。细菌总数≤3 000 个/克，大肠菌群≤30 个/100 克。致病菌不得检出。

(四) 主要设备

搅拌机、粉丝机、切割机、封口机等。

二、玉米豆腐

(一) 工艺流程

原料→破碎→煮制→磨浆→过滤→煮浆→成型。

(二) 操作要点

(1) 原料选择。做玉米豆腐使用的原料有玉米和生石灰。玉米用普通玉米，不能用糯玉米（因其黏性大，不易加工）。生石灰以新石灰为好。

(2) 破碎。称取一定量的玉米（以下操作中与生石灰、水的比例皆按此质量计算），放入破碎机中破碎，每粒破成 4~8 瓣，筛掉皮屑和细粉，要求破碎而不是粉碎。

(3) 煮制。把破碎后的玉米放入夹层锅内，加水至淹没玉米 3~4 厘米。取玉米质量 2%~4%粉状生石灰，放入少许水中，

搅拌成浆状，倒入已加水和玉米的夹层锅中，搅拌均匀，烧至水开，将玉米煮熟。但要求煮的时间不宜过长，一般煮到玉米粒稍微膨胀，熟透为止，过生或过熟都做不成豆腐。捞出玉米粒，用清水冲洗干净。

（4）磨浆。将煮熟玉米粒加 2~2.5 倍质量的清水，用磨浆机磨浆，越细越好。

（5）过滤。将浆用 20 目纱布过滤一次，目的是去掉玉米表面的其他杂物，不是为了去玉米渣。滤布不能太细，太细会减少豆腐产量。

（6）煮浆。先在洗净后的夹层锅内倒入 2 倍玉米质量的清水，再倒入浆，边煮边搅动。开始用大火烧煮，后改用小火，煮成糊状。停火的标准是用饭勺舀满浆后向下倒，如成片状即可。不能过稀也不能过稠，否则会影响产品质量。

（7）成型。将煮熟的玉米糊倒入做豆腐用的豆腐箱中，自然冷却后即凝固成型为玉米豆腐。

（三）主要质量指标

（1）感官指标。乳白或淡黄色，具有玉米特有香味，组织紧密，质地细腻，富有弹性。

（2）理化指标。水分含量≤65%，砷（以 As 计）≤0.5 毫克/千克，铅（以 Pb 计）≤0.5 毫克/千克。

（四）主要设备

破碎机、夹层锅、磨浆机等。

三、膨化玉米粉酸奶

（一）工艺流程

玉米→挑选去杂→去皮→粗磨→细磨→拌粉调配→挤压膨化→粉碎→膨化玉米粉→加水调配（稳定剂、糖、牛奶）→杀菌→均质→冷却→接种发酵→成品。

（二）操作要点

（1）去皮。玉米挑选去杂，粗磨后，用去皮机风力去皮。

（2）磨粉调配。经万能粉碎机、磨粉机处理后使产品粒度达60目，调整水分在14%左右。

（3）挤压膨化。调整螺杆转速为100转/分，膨化机三段加热温度为80℃、140℃、160℃进行挤压膨化。

（4）粉碎。膨化后玉米用粉碎机粉碎，使粒度达40目。

（5）母发酵剂制备。将筛选、分离的保加利亚乳杆菌和嗜热链球菌分别进行接种培养，使其发酵力强，活力旺盛，然后将两种菌进行混合培养，制成母发酵剂。

（6）膨化玉米粉液制备。将玉米粉与水按一定比例调合，加入糖、牛奶、稳定剂，搅拌均匀后于90℃、15分钟水浴杀菌后高压均质，压力20~25兆帕，温度70℃制成膨化玉米粉乳液。

（7）接种发酵。将已制备好的母发酵剂以5%比例接种于冷却后的膨化玉米粉乳液中，置于发酵培养箱，发酵温度40℃，时间6小时，发酵完毕后取出置于5℃环境下，放置24小时，有利于风味物质的增加。

（三）主要质量标准

（1）感官指标。色泽呈乳黄色或淡黄色。组织形态均匀凝乳状，无杂质，不分层。滋味及气味酸甜适口，口感细腻，有乳香和玉米清香。

（2）理化指标。可溶性固形物≥8%，pH值3.8~4.2，总酸≥0.22%。

（3）微生物指标。细菌总数≤100个/毫升，大肠菌群≤6个/100毫升，致病菌不得检出。

（四）主要设备

去皮机、粉碎机、磨粉机、拌粉机、双螺杆挤压膨化机、恒温培养箱、超净工作台。

第六节　油脂加工

植物油是人类生活的必需品，具有重要的生理功能，是人体必需脂肪酸的主要来源。植物油脂工业是我国粮油食品工业的重要组成部分，是农业的后续产业，是食品工业、饲料工业、轻工业和化学工业等的基础产业，在国民经济中占有重要的地位。油脂尤其是起酥油，在食品加工过程中，能改善和增进食品的口感和风味。油脂又是重要的工业原料，如油脂可以直接用于生产肥皂、润滑油、油漆等。另外，植物油料中还含有蛋白质、糖类、磷脂、维生素等多种营养物质，例如大豆中含有丰富的蛋白质，所以经过取油后的大豆饼粕可以用于生产饲料或食用大豆蛋白产品。

一、油料的分类

植物油料种类很多，资源非常丰富。凡含油率达到10%以上且具有制油价值的植物种子或果肉，均可称为油料。

按照油料的植物学属性来分，可以分为两类。一年生草本油料：油菜籽、花生、芝麻、棉籽、大豆、米糠、亚麻、葵花籽、玉米胚、小麦胚芽等；多年生木本油料：常见的木本油料植物有文冠果、黄连木、棕榈、光皮树、麻风树、油茶、椰子树、绿玉树等。

二、油料的预处理

油料的预处理，就是指在制油前对油料进行清理除杂、剥壳脱皮、破碎、软化、压坯、膨化、蒸炒等一系列工序的处理。其目的就在于除去杂质，改善油料的制油性能，以满足不同制油工艺的要求，提高油脂产品和副产品的质量。根据油料品种和油脂制取工艺的不同，所选用的预处理工艺和方法也有差异。

（一）油料清理

1. 油料清理的目的

油料在收获、运输和贮藏过程中会混入一些杂质，尽管油料在贮藏前常常会进行初清，但仍会含有少量杂质，不能满足油脂生产的要求。所以，在制取油脂前还需要进一步地清理。清理的目的在于除去油料中的杂质，将杂质含量降到工艺要求的范围之内，以保证油脂生产的工艺效果和产品质量。

油料中通常含有灰尘、泥砂、石子、茎叶、不完善粒、其他种类的油料种籽等。这些杂质大多数会吸附一定数量的油脂而存在于饼粕中，造成油分损失使得出油率降低。同时，某些杂质还会使油脂色泽加深或增加油中的沉淀物而影响成品油脂的质量。另外，杂质的混入往往会降低油脂生产设备的效率，致使生产环境的卫生不好控制。

通过清理，可以提高设备的生产处理能力、提高出油率、提高油脂及饼粕的质量、保证设备的安全和车间卫生。

2. 油料清理的方法和要求

对油料进行清理的方法，主要是根据油料种子与杂质在粒度、比重、形状、表面状态、硬度、磁性、气体动力学等物理性质上的差异，采用风选、筛选、比重分选、磁选等方法和利用相应的设备，将油料中的杂质去除。选择清理设备时应该视原料含杂情况而定，力求设备简单，清理工艺流程简短，以提高除杂的效率。

清理杂质后的油料，应当不得含有石块、铁杂等大杂质，总杂质含量应当符合相应的工艺要求，例如花生、大豆等含杂量要求不得超过0.1%，棉籽、油菜籽、芝麻等的含杂量不得超过0.5%。

（二）油料剥壳及仁壳分离

1. 剥壳的目的

大多数油料都带有皮壳，除大豆、油菜籽、芝麻等含壳率

较低外，其他油料如花生、棉籽、葵花籽等的含壳率则高达20%以上。含壳率较高的油料在加工时必须进行脱壳处理，而含壳率较低的油料只在考虑其中蛋白质的利用时才进行脱皮处理。

皮壳虽然含油率较低，但是在制油过程中皮壳会吸附油脂而降低出油率，所以通过剥壳和脱皮，可以提高出油率。

通过剥壳和脱皮，可以提高毛油的质量。因为若不去除皮壳，则油料中的色素将会使油脂色泽加深，皮壳中的胶质蜡等物质也会增加毛油的精炼难度。

另外，可提高设备生产处理能力和减少设备损耗，利于压坯等工序的进行。因为皮壳体积大且较坚硬，皮壳的存在会降低设备的生产能力和增加设备损耗。

2. 剥壳的方法和设备

不同的油料皮壳性质、仁壳结合情况、油料种子的形状和大小等各不相同，根据油料的特点尤其是外壳的机械性质——强度、弹性和塑性，来选择不同的方法和设备以进行剥壳。用于油料剥壳的方法主要如下。

（1）摩擦搓碾法。利用粗糙工作面的搓碾作用使油料皮壳破碎而达到脱壳的目的。如常用于棉籽的剥壳的圆盘剥壳机，就是利用了摩擦搓碾法原理。圆盘剥壳机还可以用于花生果、油桐籽、油茶籽等的剥壳，还可以用于油料和饼块的破碎。

（2）撞击法。借助壁面或打板的撞击作用使油料皮壳破碎而进行剥壳，常见的设备如离心剥壳机，其主要用于葵花籽，也能用于油桐籽、油茶籽及核桃等油料的剥壳。

（3）挤压法。利用轧辊的挤压作用使油料皮壳破碎，常见的设备为轧辊剥壳机，主要用于蓖麻籽的剥壳。

（4）剪切法。借助锐利工作面的剪切作用使油料皮壳破碎，常见的设备为刀板剥壳机，其是棉籽剥壳的专用剥壳设备。另外，齿辊剥壳机是一种新型的棉籽剥壳设备，其利用了两个有速度差异的齿辊对油料的剪切和挤压作用，从而实现对棉籽的

剥壳和破碎目的。

（三）油料生坯的制备

无论是采用压榨法还是溶剂浸出法从油料种子中提取油脂，均需先把油籽乳制成适合取油的料坯。而为了保证轧坯的工艺效果，通常需要在轧坯之前对油料进行破碎和软化。

1. 油料的破碎

破碎的目的就是使油料颗粒具有一定的粒度以符合轧坯的条件，增加油料颗粒的表面积，以利于软化操作的进行，通过对大压榨饼块的破碎使其粒度变小以利于油脂的浸出。

破碎后要求不出油、不成团、少成粉、油料粒度应均匀且符合工艺要求，如大豆在制油前通常要求被破碎为4~6瓣。常见的破碎方法有撞击、剪切、挤压、碾磨等，油料破碎的设备主要有齿辊破碎机、锤式破碎机、圆盘剥壳机等。

2. 油料的软化

软化则是通过调节油料的水分和温度，以改变油料的硬度和脆性，使油料具有适宜的弹性和塑性，减轻轧坯时对轧坯机械的磨损，减少轧坯时的粉末度和粘辊现象，保证坯片的质量。

当油料中含水量较高时，应在对其加热的同时适当地去除水分，但要注意软化温度不要过高，以达到最佳的软化效果；当油料中含水量较低时，则可在加热的同时适量加入水蒸气以进行润湿。例如，新收获的油菜籽有较适宜的水分含量和弹塑性就不需要软化而进行直接轧坯；陈年菜籽含水量常在8%以下，在轧坯前一般需要进行软化过程。大豆虽然含水量适宜但其塑性较差，故大豆在轧坯前一般都要进行软化操作。

软化后要求油料料粒具有适宜的弹性和塑性且内外均匀一致，能够满足轧坯的工艺要求。软化设备主要有层式软化锅和滚筒软化锅。

3. 轧坯

油料通过清理、破碎和软化后，在轧坯机轧辊机械力的作

用下油料由粒状轧制成片状的过程称为轧片。经轧坯后制成的片状油料称生坯，生坯经过蒸炒后得到的料坯叫作熟坯。

轧坯的目的就是破坏油料细胞组织结构，以增大油料的表面积，大大缩短油脂从油料中排出来的路程，从而有利于油脂的制取，也有利于后面蒸炒工序的操作。

轧坯过程应当要求料坯厚薄均匀、粉末度小、不露油，尤其是当油料含油率较高时更要注意，若露油就会出现粘辊现象而影响轧坯操作的顺利进行。轧坯机中的主要工作构件就是乳辊，主要有光面辊和表面带有槽纹的轧辊。轧辊的结构与轧辊的速度对轧坯效果有重要影响。

（四）生坯的干燥

生坯干燥的目的就是满足溶剂浸出法取油时对入浸料坯水分的要求。在植物油脂生产中，主要是对大豆生坯的干燥，因为大豆压坯时水分常在11%~13%，而大豆生坯的适宜入浸水分在8%~10%。干燥时要求干燥效率高而不增加生坯粉末度。常用的设备有平板干燥机和气流干燥输送机。

（五）油料的挤压膨化

油料的挤压膨化，主要应用于大豆生坯的膨化浸出工艺，在油菜籽生坯、棉籽生坯以及米糠等的膨化浸出工艺中也得到了应用。还可以对整粒油料如大豆做挤压膨化处理以供压榨取油之用。

1. 油料挤压膨化的目的

油料挤压膨化是为了增加油料生坯的容重和多孔性，并彻底破坏油料的细胞结构和钝化油料中的酶类，以提高油脂的浸出效率和浸出速度，提高毛油和湿粕的质量。生坯或油料经过挤压膨化处理后，可以用于膨化浸出制油工艺，也可以用于压榨制油工艺。

2. 油料的挤压膨化原理

油料的挤压膨化是指利用挤压膨化设备将已经破碎轧坯或

整粒油料，在膨化机的高温、高压、剪切、混合等作用下，使油料的细胞结构被彻底破坏，使蛋白质变性、酶类钝化，当物料被挤出膨化机时因内外压力的突然变化而使物料中水分迅速挥发，使物料急剧膨胀而形成内部多孔和组织疏松的膨化状物料。这样的过程，就叫油料的挤压膨化。

（六）料坯的蒸炒

料坯的蒸炒是指生坯经过湿润、加热、蒸坯、炒坯等一系列工序后而成为熟坯的处理过程。料坯蒸炒的过程是压榨法取油生产中一道十分重要的工序。

1. 蒸炒的目的

通过蒸炒，借助水分和温度的作用，可以调整料坯的组织结构，使料坯的可塑性和弹性得以适当调整以符合压榨工艺的要求；通过蒸炒，可使油料的细胞结构彻底地破坏，使蛋白质变性和酶类钝化，油脂聚集，同时降低油脂的黏度和表面张力而有利于油脂的流动，从而提高油脂的制取效率。

另外，通过蒸炒，还可以改善饼粕和毛油的品质，并降低毛油精炼的负担。但是，料坯中的部分蛋白质、糖类、磷脂等物质在蒸炒过程中，会和油脂发生结合或络合反应，产生褐色或黑色物质，而使油脂色泽加深。

2. 蒸炒的要求

蒸炒时应做到炒好的熟坯生熟均匀，内外一致，同时熟坯的水分、温度及结构性能都要满足制油工艺要求。

3. 蒸炒的类型

用于蒸炒的方法主要有湿润蒸炒和干蒸炒两种。

湿润蒸炒，是指先把生坯加以润湿至适当水分，再经蒸坯和炒坯工序，使料坯的水分、温度和结构性能达到制取油脂的工艺要求。湿润蒸炒是油脂生产工业中常用的一种蒸炒方法。

干蒸炒，就是指只对料坯进行加热和干燥而不进行湿润。干蒸炒主要用于制取小磨香油时对芝麻的炒籽和制取浓香花生

油时对花生仁的炒籽，也应用于可可籽榨油时对可可籽的炒籽等。

蒸炒方法及工艺条件应根据油料品种、油脂用途、取油工艺路线等来选择。

第七节　植物油脂的制取

一、机械压榨法

压榨法制油是一种古老而实用的制油技术。早在5000年以前，古代劳动人民已经懂得用挤压籽仁的方法获得油脂。原始压榨机有杠杆榨、楔式榨、人力螺旋榨等，如早在14世纪初我国即有锲式榨油的记录。在17世纪时我国农书《天工开物》中就详细记载了水代法制油的工艺方法，那时处于原始的手工作坊式生产阶段。随着1795年布拉默氏水压机的发明，动力压搾制油机械取代了传统的以人畜为动力的压榨机械，并广泛地应用于榨油生产。1895年，我国在辽宁营口建造了第一座水压机榨油厂。直到1900年美国人Anderson发明了连续式螺旋榨油机，从此，连续式螺旋榨油机成为压榨法制油的主要设备。由此，植物油脂制取过程的机械化、连续化而得以实现。

1. 压榨法取油的特点

压榨取油法就是指借助机械外力的作用将油脂从油料中挤压出来的一种取油方法。其具有工艺简单、需要配套的设备少、对油料的品种适应性较强、生产灵活、成品油质量较好的优点。但是压榨后的饼粕中残油率较高、压榨动力消耗大、压榨零部件易磨损。

2. 压榨法取油的基本原理

料坯颗粒在机械外力的作用下，油料中的油脂液体部分与非油脂物质的凝胶部分发生了两个不同的变化。在压榨的过程中，主要

发生的是物理变化如物料的变形、油脂分离、摩擦发热、水分蒸发等。但由于温度、水分、微生物等的影响，同时也会产生某些生物化学方面的变化，如蛋白质变性、酶的钝化和破坏、某些物质的结合等。压榨时，榨料粒子在压力作用下内外表面相互挤紧，致使其液体部分和凝胶部分分别产生两个不同的过程，即油脂从榨料坯中被分离出来的过程和油饼的形成过程。

（1）油脂从榨料坯中被分离出来的过程。在压榨的开始阶段，油料料粒发生变形并在个别接触处结合，料粒的间隙缩小，油脂开始被压出；在压榨的主要阶段，料粒进一步变形结合，其内空隙缩得更小，油脂被大量压出；在压榨的结束阶段，粒子结合完成，其内空隙的横截面突然缩小使得油路被显著封闭，此时油脂很少被榨出。在解除压力后的油饼可能会由于弹性变形而膨胀，其内形成细孔或裂缝，可能使得尚未排出的油脂再被反吸回饼粕中去。

（2）油饼的形成过程。在压榨取油的过程中，油饼的形成是在压力的作用下，料坯粒子间随着油脂的排出而不断挤紧而产生塑性变形，尤其在油膜破裂处将会相互结成一体。此时料坯经压榨后就不再是松散体而是形成了一种完整的可塑体，即为油饼。油饼的成型是压榨制油过程中建立排油压力的前提，更是压榨制油过程中排油的必要条件。

二、溶剂浸出法

1. 浸出法取油的概念和特点

（1）浸出法取油的概念。溶剂浸出法取油是指应用固液萃取的原理，选用某种能够溶解油脂的有机溶剂，经过对油料的喷淋或浸泡作用，使油料中的油脂被萃取出来的一种取油方法。

浸出法取油的基本过程是：把油料料坯、预榨饼或膨化料坯浸于选定的溶剂中，使油脂溶解在溶剂中形成混合油，然后将混合油与浸出后的固体粕分离，再对混合油进行蒸发和汽提等处理使溶剂汽化而与油脂分离，如此方法而获得浸出毛油。

（2）浸出法取油的特点。浸出法取油与压榨法相比，具有出油效率高、粕质量较好且残油率低、可以采用较低的加工温度而避免了蛋白质变性、动力消耗小、操作简便、加工成本低、容易实现规模化自动化生产的优点。但是，其由于常常使用6号溶剂作为浸出溶剂，而其有易燃、易爆、有毒性等特点使生产有一定的危险性，且浸出毛油不能像压榨毛油那样可以直接食用，其必须经过精炼工序后才可以食用。

2. 浸出制油的工艺类型

油脂浸出工序的浸出工艺类型主要有以下几种。

（1）根据油料进入油脂浸出器前的预处理方法不同分为直接浸出法、挤压膨化浸出法和预榨浸出法等。

直接浸出法是指油料经过预处理制得生坯，未经压榨或膨化浸出工艺而直接采用溶剂浸出的方法来浸出油料中所有油脂的取油方法。该法一般仅适用于含油量较低的油料。

挤压膨化浸出法是指油料在预处理过程中使用了挤压膨化工序，这样可以提高出油率、毛油和成品粕的质量。挤压膨化浸出法可以解决直接浸出法不能用于中高油分油料油脂浸出的技术难题。

预榨浸出法是指油料料坯经过预压榨工序榨出其中大部分的油脂，然后再使用溶剂浸出方法取出料坯中残余的油脂。该法一般用于含油量较高的油料如花生、菜籽、棉籽等。采用压榨浸出工艺不仅可以提高出油率和毛油的质量，而且提高了浸出设备的生产处理能力。

（2）按浸出器设备特征来分，则可分为罐组式浸出法、平转式浸出法、环型浸出器浸出法等。不论何种浸出工艺类型，都有浸出工序、混合油处理工序、湿粕处理工序、溶剂回收工序等。

3. 浸出工艺流程

溶剂浸出法取油工艺一般包括预处理、油脂浸出、湿粕脱

溶、混合油处理、溶剂回收等工序。

(1) 油脂浸出。经过预处理后的料坯送入浸出设备完成油脂萃取分离的任务。经过油脂浸出工序获得混合油和湿粕。

(2) 湿粕脱溶。通过油脂浸出设备以后就有含有溶剂的湿粕和混合油两个部分。湿粕中含有较多的蛋白质等化学成分，有一定的利用价值，还要考虑到溶剂的回收以节约成本。所以要进行湿粕脱溶的工序。

不同的入浸原料，在浸出后的湿粕中的溶剂含量各不相同。如油料生坯直接浸出后的湿粕含溶剂量在40%左右，而预榨饼或膨化料坯在经过浸出后的湿粕含溶剂量在20%左右。

其中，大部分的溶剂都是以物理、机械形式与粕结合在一起的，较易除去。但还有少部分的溶剂是以化学形式结合的，就较难被除去，为了减少化学结合形式的溶剂量，就应该注意改善优化入浸油料的结构和性能。

用于脱除湿粕中溶剂的设备叫蒸脱机。湿粕脱溶通常采用加热解吸的方法，使溶剂受热汽化而与粕分离。即在负压和搅拌作用下采用间接蒸汽加热使溶剂受热汽化而与粕解析分离。同时，根据粕的用途来选择合适的方法和工艺条件，以保证粕的质量。湿粕脱溶的方法主要有低温脱溶工艺方法和高温脱溶工艺方法两种。

(3) 混合油处理。从浸出设备出来的混合油中含有溶剂、非油物质如料坯粉末（即粕末）。其必须经处理去除溶剂并再经过精炼后才能食用。混合油处理的目的就是利用蒸发和汽提等工艺，去除其中的粕末，分离并回收溶剂，从而得到较纯净的浸出毛油。

混合油在进行溶剂蒸发和汽提之前，需要进行净化处理以除去其中的粕末等粗杂质。因为它们的存在容易造成蒸发过程中产生泡沫而使溶剂中夹带油脂并进入蒸汽冷凝系统结垢而影响系统的传热。另外，粕末中的某些物质可能会发生反应或变化从而降低毛油的质量。所以必须要先将其净化除去。可以采

用过滤、离心分离、重力沉降等方法来除去混合油中的粕末。

混合油的蒸发是利用间接蒸汽加热混合油使其达到沸点而使溶剂汽化，混合油得以浓缩的方法。混合油的沸点随操作压力的降低而降低，随混合油浓度的增加而升高。所以蒸发操作常在负压下进行，为保证油脂的质量，常常使用二次蒸发法。在混合油浓度达到一定程度时，还需要对混合油进行水蒸汽蒸馏以进一步脱除溶剂。

混合油的汽提，就是采用直接蒸汽对混合油进行加热蒸馏，以降低混合油中溶剂的浓度，通常也在负压下进行汽提。

（4）溶剂回收。溶剂回收直接关系到生产的成本、毛油和粕的质量，生产中应对溶剂进行有效的回收，并进行循环使用。

油脂浸出过程中的溶剂回收包括溶剂气体冷凝和冷却、溶剂和水分离、废水中溶剂的回收、废气中溶剂的回收等。

第二章 果蔬加工

第一节 果蔬干制加工

一、果蔬干制原理

我国干制历史悠久，干制品如红枣、木耳、香菇、黄花菜、葡萄干、柿饼等，都是畅销国内外的传统特产。随着干制技术的提高，营养会更接近鲜果和蔬菜，因此，果蔬干制前景看好，潜力很大。

果蔬产品的腐败多数是由微生物繁殖的结果。微生物在生长和繁殖过程中离不开水和营养物质。果品蔬菜既含有大量的水分，又富有营养，是微生物良好的培养基，特别是果蔬受伤、衰老时，微生物大量繁殖，造成果蔬腐烂。另外，果蔬本身就是一个生命体，不断地进行新陈代谢作用，营养物质被逐渐消耗，最终失去食用价值。

果蔬干制是借助于热力作用，将果蔬中水分减少到一定限度，使制品中的可溶性物质达到不适于微生物生长的程度。与此同时，由于水分下降，酶活性也受到抑制，这样制品就可得到较长时间的保存。

目前常规的加热干燥，都是以空气作为干燥介质。当果蔬所含的水分超过平衡水分，和干燥介质接触时，自由水分开始蒸发，水分从产品表面的蒸发称为水分外扩散（表面汽化）。干燥初期，水分蒸发主要是外扩散，由于外扩散的结果，造成产品表面和内部水分之间的水蒸气分压差，使内部水分向表面移

动，称之为水分内扩散，此外，干燥时由于各部分温差的出现，还存在水分的热扩散，其方向从温度较高处向较低处转移，但因干燥时内外层温差甚微，热扩散较弱。

实际上，干燥过程中水分的表面汽化和内部扩散是同时进行的，两者的速度随果蔬种类、品种、原料的状态及干燥介质的不同而有差别。含糖量高、块形大的果蔬如枣、柿等，其内部水分扩散速度较表面汽化速度慢，这时内部水分扩散速度对整个干制过程起控制作用称为内部扩散控制。这类果蔬干燥时，为了加快干燥速度，必须设法加快内部水分扩散速度，如采用抛物线式升温对果实进行热处理等，而绝不能单纯提高干燥温度、降低相对湿度，特别是干燥初期，否则表面汽化速度过快，内外水分扩散的毛细管断裂，使表面过干而结壳（称为硬壳现象），阻碍了水分的继续蒸发，反而延长干燥时间，且制品品质降低。而含糖量低、切成薄片的果蔬产品如萝卜片、黄花菜、苹果等，其内部水分扩散速度较表面水分汽化速度快，水分在表面的汽化速度对整个干制过程起控制作用，称为表面汽化控制。这种果蔬内部水分扩散一般较快，只要提高环境温度，降低湿度，就能加快干制速度。因此，干制时必须使水分的表面汽化和内部扩散相互衔接，配合适当，才是缩短干燥时间、提高干制品质量的关键。

二、果蔬干制工艺

1. 原料的处理

原料干制前要进行清洗、去皮、切分、热烫等处理。

有些果实如李、葡萄等，在干制前要进行浸碱处理，从而除去果皮上附着的蜡粉，以利水分蒸发，促进干燥。碱可用氢氧化钠、碳酸钠或碳酸氢钠。碱液处理的时间和浓度依果实附着蜡粉的厚度而异，葡萄一般用1.5%~4.0%的氢氧化钠处理1~5秒，李子用0.25%~1.50%的氢氧化钠处理5~30秒。浸碱良好的果实，果面上蜡质被溶去并出现细微裂纹。

碱液处理时，每次处理果实不宜太多，浸碱后应立即用清水冲洗残留的碱液，或用0.25%~0.5%的柠檬酸或盐酸浸几分钟以中和残碱，再用水漂洗。

2. 干制过程中的管理

人工干制要求在较短的时间内，采取适当的温度，通过通风排湿等操作管理，获得较高质量的产品。要达到这一目的，就要依物料自身的特性，采用恰当的干燥工艺技术。干制时尤其要注意采取适当的升温方式、排湿方法和物料的翻动，以保证物料干燥快速、高效和优质。

(1) 升温技术。不同种类的果蔬分别采用不同的升温方式。常用的升温方式一般可归纳为3种。

①在干制期间，干燥初期为低温（55~60℃）；中期为高温（70~75℃）；后期为低温，温度逐步降至50℃左右，直到干燥结束。这种升温方式适宜于可溶性固形物含量高的物料，或不切分的整果干制的红枣、柿饼。操作较易掌握，能量耗费少，生产成本较低，干制质量较好。

②在干制初期快速升高温度，最高可达95~100℃。物料进入干燥室后，吸收大量的热能，温度可降低30℃左右。继续加热，使干燥室内温度升到70℃左右，维持一段时间后，逐步降温至干燥结束。此法适宜于可溶性固形物含量较低的物料，或切成薄片、细丝的果蔬，如苹果、杏、黄花菜、辣椒、萝卜丝等。这种升温方式，干燥时间短，产品质量好，但技术较难掌握，能量耗费多，生产成本较大。

③在整个干制期间，温度在55~60℃的恒定状态，直至干燥临近结束时再逐步降温。此法操作技术容易掌握，成品质量好。只是因为在干燥过程中较长一段时间要维持比较均衡的温度，耗能比第一种多，生产成本也相应高一些。这种升温适宜于大多数果蔬的干制加工。

(2) 通风排湿。由于物料干制过程中水分的大量蒸发，使得干燥室内的相对湿度急剧升高，甚至会达到饱和程度。因此，

应十分注意通风排湿工作，否则会延长干制时间，降低制品质量。

一般而言，当干燥室内的相对湿度达70%以上时，就应进行通风排湿操作。通风排湿的方法和时间要根据加工设备的性能、室内相对湿度的大小以及室外空气流动的强弱来定。例如，用烘房干制时，烘房内相对湿度高、外界风力较小时，可将进气口、排气口同时打开，通风排湿时间长；反之，如果烘房内相对湿度稍高、外界风力较大时，则将进、排气口交替开放，通风排湿时间短。一般每次通风排湿时间以10~15分钟为宜。时间过短，排湿不够，影响干燥速度和产品质量；时间过长，会使室内温度下降过多，加大能耗。

（3）倒盘及物料翻动。在干制时，由于烘盘位于干燥室中的位置不同，往往会使其受热程度不同，使物料干燥不均匀。因此，为了使成品的干燥程度一致，尽可能避免干湿不均，需进行倒盘的工作。在倒盘同时应翻动物料，促使物料受热均匀，干燥程度一致。

3. 包装前的处理

经干燥后的产品，一般需要进行一些处理才能包装和保存。

（1）回软。回软又称均湿或水分平衡。目的是使干制品各部分含水量均衡并变软，便于产品处理和包装运输。

回软的方法是将干燥后的产品，选剔过湿、过大、过小、结块以及细屑等，待冷却后立即堆集起来或放在密闭容器中，使所有干制品的含水量均匀一致，同时产品的质地也稍显皮软。回软所需的时间，视干制品的种类而定。一般菜干1~3天，果干2~5天。

（2）分级。干燥后的干制品在包装前应利用振动筛或其他分级设备进行筛选分级，剔除过湿、结块等不合标准的产品。

（3）压块。脱水蔬菜大多要进行压块处理。因为蔬菜干燥后，体积膨松，体积大，包装和运输均不方便。进行压块后，可使体积大为缩小，节省了包装材料、装运和贮存容积。同时

压块后的蔬菜，减少了与空气的接触，降低氧化作用，还能减少虫害。

蔬菜压块应在干燥后趁热进行。如果蔬菜已经冷却，则组织坚脆，极易压碎，需稍喷蒸汽，然后再压块。但喷过蒸汽的干菜，含水量可能超过规定的标准，此时可与干燥剂（常用生石灰）一起放在常温下，经过2~7天，水分即可降低。

（4）防虫处理。若干制品处理不当，则常有虫卵混杂，尤其是自然干制的产品。当条件适宜时，干制品中的虫卵就会发育，为害干制品。果蔬干制品常见的虫害有印度谷蛾、无花果螟蛾、露尾虫、锯谷盗以及糖壁虱等。因此，干制品和包装材料在包装前都应经过灭虫处理。防治的方法主要有如下几种。

①低温杀虫：有效低温在-15℃以下。

②热力杀虫：常压下用蒸汽处理2~4分钟。

③熏蒸杀虫：常用熏蒸剂有甲基溴、氧化乙烯、氧化丙烯、二氧化硫等。甲基溴是最为有效的熏蒸剂，其爆炸性比较小，对昆虫极毒，因而对人也有一定的毒害。使用时应严格控制使用量和使用方法。甲基溴相对密度较空气重，因此，使用时应从熏蒸室的顶部送入，一般用量为16~24克/立方米（夏季低些、冬季高些），处理时间24小时以上。要求无机溴残留量在葡萄干、无花果干中为150毫克/千克，苹果干、杏干、桃干、梨干中为30毫克/千克，李干中为20毫克/千克。

4. 干制品的包装

包装对干制品的忙存效果影响很大，因此，要求包装材料应满足以下几点要求：一是能防潮防湿，以免干制品吸湿回潮引起发霉、结块。包装材料在90%相对湿度的环境中，每年袋内干制品水分增加量不能超过2%。二是不透光。三是能密封，防止外界虫、鼠、微生物及灰尘等侵入。四是符合食品卫生管理要求，不给食品带来污染。五是费用合理。生产中常用的包装材料有金属罐、木箱、纸箱及软包装复合材料。包装方式有两种，即普通密封包装和真空充氮（或充二氧化碳）包装。

5. 干制品的贮藏

干制品应贮存于避光、干燥、低温的场所。贮存温度越低，干制品保存时间就越长，以 0～2℃为最好，一般不宜超过 10～14℃。贮存环境的空气越干燥越好，相对湿度最好控制在 65%以下。在干制品贮存过程中应注意其管理，如贮存场所要求清洁、卫生，通风良好，能控制温、湿度变化，堆放码垛应留有间隙，具有一定的防虫防鼠措施等。

6. 复水

干制品的复水性是干制品质量好坏的一个重要指标。复水性好，品质高。干制品复水性部分受原料加工处理的影响，部分因干燥方法而有所不同。蔬菜复水率或复水倍数依种类、品种、成熟度、干燥方法等不同而有差异，所以在制定干制工艺时应综合考虑各方面因素的影响。

脱水菜的复水方法是：把脱水菜浸泡在 12～16 倍重量的冷水中，经 30 分钟，再迅速煮沸并保持沸腾 5~7 分钟。

复水时，水的用量和质量关系很大。如用水量过多，可使花青素、黄酮类色素等溶出而损失。水的 pH 值不同也能使色素的颜色发生变化，此种影响对花青素特别显著。白色蔬菜主要是黄酮类色素，在碱性溶液中变为黄色，所以马铃薯、花椰菜、洋葱等不能用碱性的水处理。水中含有金属离子使花青素变色。水中如含有碳酸氢钠或亚硫酸钠，易使软化，复水后变软烂。硬水常使豆类质地粗硬，影响品质，含有钙盐的水还能降低吸水率。

三、果蔬干制方法

1. 自然干制

自然干制方法可分为两种，一是原料直接接受阳光暴晒，称为晒干或日光干制；另一种是原料在通风良好的室内、棚下以热风吹干，称为阴干或晾干。自然干制可以充分利用自然条

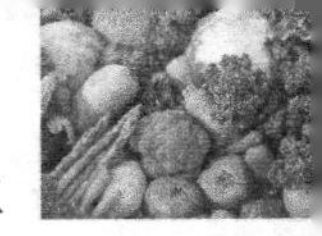

件，节约能源，方法简易，处理量大，设备简单，成本低；缺点是受气候限制。目前广大农村和山区还是普遍采用自然干制方法生产葡萄、柿饼、红枣、笋干、金针菜、香菇等。

2. 人工干制

人工干燥是人为控制干燥环境和干燥过程而进行干燥的方法。和自然干制相比，人工干制可大大缩短干燥时间，并获得高质量的干制产品。但人工干制设备和安装费用高，操作技术比较复杂，成本较高。人工干制的方法有以下几种。

（1）干制机干燥。干制机利用燃料加热，以达到干燥的目的，是我国使用最多的一种干燥方法，普通干燥所用的设备，比较简单的有烘灶和烘房，规模较大的用干制机。干制机的种类较多，生产上常用的为隧道式干制机、带式干制机、滚筒干燥机等。

（2）冷冻干燥。冷冻干燥又称升华干燥或真空冷冻升华干燥。即将原料先冻结，然后在较高真空度下将冰转化为蒸汽而除去，物料即被干燥。冷冻干燥能保持食品原有风味，热变性少，但成本高。只适用于质量要求特别高的产品（高档食品、药品等）。

（3）微波干燥。微波是频率为300~300 000兆赫、波长为1毫米至1米的高频电磁波。微波干燥具有干燥速度快、干燥时间短、加热均匀、热效率高等优点。

（4）远红外干燥。波长在2.5~1 000微米区域的电磁波称为远红外。远红外线被加热物体所吸收，直接转变为热能而达到加热干燥。远红外干燥具有干燥速度快、生产效率高、节约能源、设备规模小、建设费用低、干燥质量好等优点。

第二节　果蔬罐藏加工

果蔬罐藏是果蔬加工保藏的一种主要方法，是将经过预处理的果蔬装入容器中，经过脱气、密封、杀菌，使罐内食品与

外界环境隔绝而不被微生物再污染，同时杀死罐内有害微生物并使酶失活，从而获得在室温下长期保存的方法。用罐藏方法加工而成的食品称为罐头食品。

一、罐藏容器

罐藏容器对罐头食品的长期保存起着重要的作用，而容器材料又是关键。供作罐头食品容器的材料，要求无毒、能密封、耐高温高压、耐腐蚀、与食品不发生化学反应、物美价廉等性能。按制造容器的材料，罐藏容器可分为金属罐、玻璃罐和软包装（蒸煮袋）。

1. 金属罐

金属罐的优点是能完全密封，耐高温高压、耐搬运。其缺点是一次性使用、常会与内容物发生作用、不透明等。常用的金属罐为马口铁罐，此外还有铝合金罐。

（1）马口铁罐。马口铁罐由两面镀锡的低碳薄钢板（俗称马口铁）制成。由罐身、罐盖和箱底三部分焊接密封而成，称为三片罐；也有采用冲压而成的罐身与罐底相连的冲底罐，称为二片罐。马口铁镀锡的均匀与否会影响铁皮耐腐蚀性。镀锡的方法有热浸法和电镀法。前者所镀锡层较厚，耗锡量较多；而后者所镀锡层较薄且均匀一致，能节约用锡量，有完好的耐腐蚀性，故生产上得到大量使用。有些罐头品种因内容物 pH 值较低，或含有较多的花青素苷，或含有丰富的蛋白质，故在马口铁与食品接触的一面涂上一层符合食品卫生要求的涂料，这种马口铁称为涂料铁。根据使用范围，一般含酸较多的果蔬采用抗酸涂料铁，含蛋白质丰富的食品采用抗硫涂料铁。在罐头生产中选用何种马口铁为好，要根据食品原料的特性、罐型大小、食品介质的腐蚀性能等情况综合考虑。

（2）铝合金罐。铝合金罐是铝和锰、铝和镁按一定比例配合，经过铸造、压延、退火制成的铝合金薄板制作而成。它的特点是轻便、不会生锈，有特殊的金属光泽，具有一定的耐腐

蚀性能，但加工成本高。常用于制造二片罐，也用于冲底罐及易开罐，加上涂料后常作饮料罐头。在啤酒和饮料市场上铝合金罐包装已占有相当大的比例，但除了小型冲拔罐外，尚未被罐头行业普遍使用。

2. 玻璃罐

玻璃罐在罐头工业中应用广泛，其优点是性质稳定，与食品不起化学变化，而且玻璃罐装食品与金属接触面小，不易发生反应；玻璃透明，可见罐中内容物，便于顾客选购；空罐可以重复使用，经济便利。其缺点是重量大，质脆易破，运输和携带不便；内容物易褪色或变色；传热性差，要求温度变化均匀缓和，不能承受骤冷和骤热的变化。

玻璃罐的形式很多，但现在使用最多的是四旋罐，其次是卷封式的胜利罐。玻璃罐的关键是密封部分，包括金属罐盖和玻璃罐口。胜利罐由马口铁或涂料铁制成的罐盖、橡皮圈及玻璃罐身组成，密封性能好、能承受加热加压杀菌，但开启不便，故逐渐淘汰。四旋罐由马口铁制成的罐盖、橡胶或塑料垫圈及罐颈上有螺纹线的玻璃罐组成。当罐盖旋紧时，则罐盖内侧的盖爪与螺纹互相吻合而压紧垫圈，即达到密封的目的。

3. 软包装（蒸煮袋）

蒸煮袋是由一种能耐高温杀菌的复合塑料薄膜制成的袋状罐藏包装容器，俗称软罐头。与其他罐藏容器相比，蒸煮袋的优点是重量轻、体积小、易开启、携带方便；耐高温杀菌，贮藏期长；热传导快，可缩短杀菌时间；不透气、水、光，内容物几乎不可能发生化学变化，能较好地保持食品的色香味，可在常温下贮藏，质量稳定。

蒸煮袋包装材料一般是采用聚酯、铝箔、尼龙、聚烯烃等薄膜借助胶黏剂复合而成，一般有3~5层，多者可达9层。外层是12微米的聚酯，起加固及耐高温作用。中层为9微米的铝箔，具有良好的避光性，防透气，防透水，也可用乙烯与乙烯

醇的聚合物、聚丙烯腈等取代。内层为70微米的聚烯烃（早期用聚乙烯，目前大多用聚丙烯），有良好的热封性能和耐化学性能，能耐121℃高温，又符合食品卫生要求。

二、果蔬罐藏工艺

果蔬罐藏工艺过程包括原料的预处理、装罐、排气、密封、杀菌、冷却、保温及商业无菌检验等。

1. 装罐

（1）空罐的准备。空罐在使用前必须进行清洗和消毒，清除灰尘、微生物、油脂等污物，保证容器的卫生，提高杀菌效果。金属罐先用热水冲洗，后用清洁的100℃沸水或蒸汽消毒30~60秒，然后倒置沥干备用。玻璃罐先用清水（或热水）浸泡，然后用有毛刷的洗瓶机刷洗，再用清水或高压水喷洗数次，倒置沥干备用。罐盖也进行同样处理，或用前以75%酒精消毒。清洗消毒后的空罐要及时使用，不宜堆放太久，以免灰尘、杂质重新污染或金属罐生锈。

（2）罐液的配制。除了液态食品（如果汁、菜汁）和黏稠食品（如番茄酱、果酱等）外，一般都要向罐内加注液汁，称为罐液或汤汁。果品罐头的灌液一般是糖液，蔬菜罐头多为盐水。加注罐液能填充罐内除果蔬以外所留下的空隙，增进风味、排除空气、提高初温，并加强热的传递效率。

2. 排气

排气是指食品装罐后，密封前将罐内顶隙间的、装罐时带入的和原料组织细胞内的空气尽可能从罐内排除的技术措施，从而使密封后罐头顶隙内形成部分真空的过程。

（1）排气的作用。阻止需氧菌及霉菌的生长繁殖；防止或减轻因加热杀菌时空气膨胀而使容器变形或破损，影响罐头卷边和缝线的密封性，防止玻璃罐跳盖；控制或减轻罐藏食品贮藏中出现的罐内壁腐蚀；避免或减轻食品色香味的变化和营养

物质的损失。因此排气是罐头食品生产中维护罐头的密封性和延长贮藏期的重要措施。

（2）罐头真空度及其测定。食品罐头经过排气、密封、杀菌和冷却后，罐头内容物和顶隙中的空气及其他气体收缩，水蒸气凝结为液体，从而使顶隙形成部分真空状态。常用真空度这个概念来表示真空状态的高低，罐头真空度是指罐外大气压与罐内残留气体压力的差值，一般要求在26.7~40千帕。罐头内保持一定的真空状态，能使罐头底盖维持一种平坦或向内凹陷的状态，这是正常良好罐头食品的外表特征，常作为检验识别罐头好坏的一个指标。

罐头真空度常用一种简便的罐头真空计测定，它是一种下端带有测针和橡皮塞的圆盘仪表，测定时橡皮塞紧压在罐头顶盖上，防止罐外空气在刺孔时窜入罐内，装在橡皮塞中间而顶侧留有小孔的测针经顶盖刺入罐内，此时表盘上指针指示的数值即为罐内的真空度。

（3）影响罐头真空度的因素。

①排气条件：排气温度高、时间长，真空度高。一般以罐头中心温度达到75℃为准。

②罐头容积大小：加热法排气，大型罐单位面积的容积或装量大，内容物受热膨胀和冷却收缩的幅度大，故能形成较大的真空度。

③顶隙大小：在加热法排气中，罐内顶隙较小时真空度较高；在真空法和喷射蒸汽法排气时，罐内顶隙较小时真空度较低。

④杀菌条件：杀菌温度较高或时间较长，由于引起部分物质的分解而产生气体，故真空度较低。

⑤环境条件：气温高，罐内蒸汽压大，则真空度变低；气压低，则大气压与罐内压力之差变小，即真空度变低。

（4）排气的方法。罐头食品排气采用的方法主要有3种：热力排气法、真空排气法和蒸汽喷射排气法。

①热力排气法：利用空气、水蒸气和食品受热膨胀的原理将罐内空气排除。目前常用的方法有两种：热装罐密封排气法和食品装罐后加热排气法。

热装罐密封排气法。将食品加热到一定的温度（一般在75℃以上）后立即装罐密封的方法。采用这种方法一定要趁热装罐、迅速密封，不能让食品温度下降，否则罐内的真空度相应下降。此法只适用于高酸性的流质食品和高糖度的食品，如果汁、番茄汁、番茄酱和糖渍水果罐头等。密封后要及时进行杀菌，否则嗜热性细菌容易生长繁殖。

加热排气法。将装好原料和注液的罐头，放上罐盖或不加盖，送进排气箱，在通过排气箱的过程中，加热升温，因热使罐头中内容物膨胀，把原料中存留或溶解的气体排斥出来，在封罐之前把顶隙中的空气尽量排除。罐头在排气箱中经过的时间和最后达到的温度（一般要求罐头中心温度应达到65~87℃），视原料的性质、装罐的方法和罐型而定。

②真空排气法：装有食品的罐头在真空环境中进行排气密封的方法。常采用真空封罐机进行。因排气时间短，所以主要是排除顶隙内的空气，而食品组织及汤汁内的空气不易排除。故对果蔬原料和罐液要事先进行脱气处理。另外还需严格控制封罐机真空仓的真空度及密封时食品的温度，否则封口时易出现暴溢现象。

③蒸汽喷射排气法：在罐头密封前的瞬间，向罐内顶隙部位喷射蒸汽，由蒸汽将顶隙内的空气排除，并立即密封，顶隙内蒸汽冷凝后就产生部分真空。为了保证有一定的顶隙，一般需在密封前调整顶隙高度。

3. 密封

罐头食品之所以能长期保存而不变质，除了充分杀灭能在罐内环境生长的腐败菌和致病菌外，主要是依靠罐头的密封，使罐内食品与外界完全隔绝，罐内食品不再受到外界空气和微生物的污染而发生腐败变质。为保持这种高度密封状态，必须

采用封罐机将罐身和罐盖的边缘紧密卷合，这就称为封罐或密封。密封必须在排气后立即进行，以免罐温下降而影响真空度。罐头密封的方法和要求视容器的种类而异。

4. 杀菌

罐头的杀菌可以在装罐前进行，也可以在装罐密封后进行。装罐前进行杀菌，即所谓的无菌装罐，需先将待装罐的食品和容器均进行杀菌处理，然后在无菌的环境下装罐、密封。我国各罐头厂普遍采用的是装罐密封后杀菌。杀菌方法一般可分为常压杀菌（杀菌温度不超过100℃）和加压杀菌两种。

（1）常压杀菌。常压杀菌适用于pH值4.5以下的酸性食品，如水果类、果汁类、酸渍菜类等。常用的杀菌温度是100℃或以下。一般是用开口锅或柜子，锅（柜）内盛水，水量要浸过罐头10厘米以上，用蒸汽管从底部加热至杀菌温度，将罐头放入杀菌锅（柜）中（玻璃罐杀菌时，水温控制在略高于罐头初温时放入为宜），继续加热，待达到规定的杀菌温度后开始计算杀菌时间，经过规定的杀菌时间，取出冷却。目前有些工厂已用一种长形连续搅动式杀菌器，使罐头在杀菌器中不断地自转和绕中轴转动，增强了杀菌效果，缩短了杀菌时间。

（2）加压杀菌。加压杀菌是在完全密封的加压杀菌器中进行，靠加压升温来进行杀菌，杀菌的温度在100℃以上。此法适用于低酸性食品（pH值>4.5），如蔬菜类及混合罐头。在加压杀菌中，依传热介质不同有高压蒸汽杀菌和高压水杀菌。目前大都采用高压蒸汽杀菌法，这对马口铁罐来说是较理想的。而对玻璃罐，则采用高压水杀菌较为适宜，可以防止和减少玻璃罐在加压杀菌时脱盖和破裂的问题。加压杀菌器有立式和卧式两种类型，设备装置和操作原理大体相同。大型的立式杀菌器则大多部分安装在工作地面以下，为圆筒形；卧式的则全部安装在地面上，有圆筒形和方形。

5. 冷却

罐头食品加热杀菌结束后应当迅速冷却，因为热杀菌结束

后的罐内食品仍处于高温状态，还在继续对它进行加热作用，如不立即冷却，罐内食品会因长时间的热作用而造成色泽、风味、质地及形态等的变化，使食品品质下降。此外，冷却缓慢时，在高温阶段（50~55℃）停留时间过长，还能促进嗜热性细菌如平酸菌的繁殖活动，致使罐头变质腐败。继续受热也会加速罐内壁的腐蚀作用，特别是含酸高的食品。但对玻璃罐的冷却速度不宜太快，常采用分段冷却的方法，即80℃、60℃、40℃三段，以免爆裂受损。冷却用水必须清洁，符合饮用水标准。

罐头冷却的方法根据所需压力的大小可分为常压冷却和加压冷却两种。加压冷却也就是反压冷却。杀菌结束后的罐头必须在杀菌釜内在维持一定压力的情况下冷却，主要用于一些在高温高压杀菌，特别是局压蒸汽杀菌后容器易变形、损坏的罐头。通常是杀菌结束关闭蒸汽阀后，在通入冷却水的同时通入一定的压缩空气，以维持罐内外的压力平衡，直至罐内压力和外界大气压相接近方可撤去反压。此时罐头可继续在杀菌釜内冷却，也可从釜中取出在冷却池进一步冷却。常压冷却主要用于常压杀菌的罐头。罐头可在杀菌釜内冷却，也可在冷却池中冷却，可以泡在流动的冷却水中浸冷，也可采用喷淋冷却。喷淋冷却效果较好，因为喷淋冷却的水滴遇到高温的罐头时受热而汽化，所需的汽化潜热使罐头内容物的热量很快散去。

罐头杀菌后一般冷却到38~43℃。因为冷却到过低温度时，罐头表面附着的水珠不易蒸发干燥，容易引起锈蚀，冷却只要保留余温足以促进罐头表面水分的蒸发而不致影响败坏即可。

三、罐头检验和贮藏

1. 罐头检验

罐头食品的检验是罐头质量保证的最后一个工序。罐头质量检验方法有开罐检验法、打检法和保温检验法等。

(1) 开罐检验法。包括感官与理化检验及微生物检验。

①感官检验：感官检验的内容包括组织与形态、色泽和风味等。各种指标必须符合国家规定标准。

②物理检验：包括容器外观、重量和容器内壁的检验。罐头首先观察外观的商标及罐盖码印是否符合规定，底盖有无膨胀现象，再观察接缝及卷边是否正常，焊锡是否完整均匀，封罐是否严密等。再用卡尺测量罐径与罐高是否符合规定。用真空计测定真空度，一般应达 26.67 千帕以上。进行重量检验，包括净重（除去空罐后的内容物重量）和固形物重（除去空罐和汤液后的重量）。最后应检查内壁是否有腐蚀和露铁情况，涂料是否脱落，有无铁锈或硫化斑，有无内流胶现象等。

检验时罐头可能出现的外部形态及原因分析：一是正常罐头底部与盖接近扁平，微微有些凹陷。平酸败坏与正常罐外形特征一致，引起平酸败坏的主要原因是原料过度污染或杀菌条件不合理。二是轻度膨胀也称准胖听，特征是底和盖接近扁平，单面向外膨胀，用手按能成正常罐形，形成的原因是排气不足。三是弹性膨胀也称单面胖听，罐头外鼓的程度比准胖听多，用手可将鼓出的一面按回，但另一面随之鼓出，或按回去有声音。原因是内容物组织产生氢气造成氢胀或内容物装填过多顶隙过小，或是密封不完全，有泄漏。四是双面膨胀。根据膨胀程度可分为软胀、硬胀。软胀即用手按可恢复原状，但手离开后又重新凸出。硬胀用手按不动，可承受 0.35 兆帕的压力，由于内压还会继续增大，最后可能由罐身接缝处发生爆裂。引起双面膨胀的原因如杀菌不足，是低酸性罐头双面膨胀的主要原因；装填过满，由此引起的膨胀大多停留在弹性膨胀阶段；容器泄漏，如焊锡不完全，卷边不符合要求或密封胶不完全；杀菌不及时，半成品贮放期间内容物在微生物作用下发生分解，再进行高温杀菌时即会发生膨胀；制造与贮存的温差过大，由于温度变化造成罐头内压增大也会引起膨胀；注入的糖液若贮存不当引起发酵，也会产生胀罐。五是突角与瘪罐。与卷边相邻的部位出现角状称为突角。产生突角的原因有装填过多；内外压

力不一致，内压太大；排气不足，罐内气体过多；冷却时降压太快；罐头底盖厚薄不当，膨胀线太深等。突角易影响卷边紧密度，降低罐头产品的安全性。瘪罐是由于罐内真空度过大，杀菌过程中压力控制不当。一般罐形较大的罐易瘪罐，因此罐形大的罐头真空度宜低些。

③化学检验：包括气体成分、pH 值、可溶性固形物、糖水浓度、总糖量、可滴定酸含量、食品添加剂和重金属含量（铅、锡、铜、锌、汞等）等分析项目。

④微生物检验：对五种常见的可使人发生食物中毒的致病菌，必须进行检验。它们是溶血性链球菌、致病性葡萄球菌、肉毒梭状芽孢杆菌、沙门氏菌和志贺氏菌。

(2) 打检法。此法用金属或小木棒轻击罐盖，根据真空与空气传声不同而产生不同声音来判断罐头的好坏。一般发音清脆而坚实的真空度较高，发音混浊的，真空度较低。装量满的声音沉着，否则声音空洞。真空度低的罐头可能是工艺操作上的缺陷，也可能是罐内已有产气性细菌存在，或内容物已发生物理、化学变化。该法是凭经验进行，精确度不高，所以，须与其他方法配合使用。

(3) 保温与商业无菌检验。罐头入库后出厂前要进行保温处理，它是检验罐头杀菌是否完全的一种方法，将罐头堆放在保温库内维持一定的温度（37±2）℃和时间 5~7 天，给微生物创造生长的条件，若杀菌不完全，残存的微生物遇到适宜的温度就会生长繁殖，产气会使罐头膨胀，从而把不合格的罐头剔出。糖（盐）水果蔬类要求在不低于 20℃ 的温度下处理 7 天，若温度高于 25℃ 可缩短为 5 天，食糖量高于 50% 以上的浓缩果汁、果酱、糖浆水果、干制水果不需保温。

保温试验会造成果蔬罐头的色泽和风味的损失，因此目前许多工厂已不采用，代之以商业无菌检验法。此法首先基于全面质量管理，其方法要点如下：一是审查生产操作记录。如空罐检验记录、杀菌记录、冷却水的余氯量等。二是抽样。每杀

菌罐抽两罐或 0.1%。三是称重。四是保温。低酸性食品在(36±1)℃下保温 10 天，酸性食品在（30±1）℃保温 10 天。预定销往 40℃以上热带地区的低酸性食品在（55±1）℃下保温 10 天。五是开罐检查。开罐后留样、涂片、测 pH 值、进行感官检查。此时如发现 pH 值、感官质量有问题立即进行革兰氏染色，镜检，确定是否有明显的微生物增殖现象。六是接种培养。七是结果判定。如该批（锅）罐头经审查生产操作记录，属于正常；抽样经保温试验未胖听或泄漏；保温后开罐，经感官检查、pH 值测定或涂片镜检，或接种培养，确证无微生物增殖现象，则为商业无菌。如该批（锅）罐头经审查生产操作记录，未发现问题；抽样经保温试验有一罐或一罐以上发现胖听或泄漏；或保温后开罐，经感官检查、pH 值测定或涂片镜检和接种培养，确证有微生物增殖现象，则为非商业无菌。

2. 罐头食品的贮藏

罐头贮藏的形式有两种：一种是散装堆放，罐头经杀菌冷却后，直接运至仓库贮存，到出厂之前才贴商标装箱运出；另一种是装箱贮放，罐头贴好商标或不贴商标进行装箱，送进仓库堆存。作为堆放罐头的仓库，要求环境清洁，通风良好，光线明亮，地面应铺有地板或水泥，并安装有可以调节仓库温度和湿度的装置。贮藏温度为 0～20℃，温度过高微生物易繁殖，色香味被破坏，罐壁腐蚀加速，温度低组织易冻伤。相对湿度控制在 75%以内。

第三节 果蔬腌制加工

果蔬腌制是利用食盐以及其他物质添加渗入果蔬组织内，降低水分活度，提高结合水含量及渗透压或脱水等作用，有选择地控制有益微生物活动和发酵，抑制腐败菌的生长，从而防止果蔬变质，保持其食用品质的一种保藏方法。其中以蔬菜腌制品居多，水果只有少数品种做腌制，其他大部分果品腌制多

是为了保存原料或延长加工期，如蜜饯中的凉果类主要是用其盐坯加工的。

果蔬腌制加工方法简单易行，成本低廉，产品风味多样并易于保存。我国广大劳动人民在长期生产实践中积累了丰富的经验，创造出许多独具风格的名特产品，如重庆涪陵榨菜、江苏扬州酱菜、浙江萧山萝卜干、北京八宝酱菜、云南大头菜等，畅销国内外市场，深受广大消费者欢迎。

一、果蔬腌制品的分类

我国果蔬腌制品有近千个品种，因所采用的果蔬原料、辅料、工艺条件及操作方法不同或不完全相同，而生产出各种各样风味不同的产品。因此分类方法也各异。一般比较合理的分类方法是按照生产工艺进行分类的，所以在此仅介绍按生产工艺分类。

1. 盐渍菜类

盐渍菜类是一种腌制方法比较简单、大众化的果蔬腌制品，只利用较高浓度的盐溶液腌制而成，如咸菜。有时也有轻微的发酵，或配以各种调味料和香辛料。根据产品状态不同分为以下几种。

（1）湿态。由于蔬菜腌制中，有水分和可溶性物质渗透出来形成菜卤，伴有乳酸发酵，其制品浸没于菜卤中，即菜不与菜卤分开，所以称为湿态盐渍菜，如腌雪里蕻、盐渍黄瓜、盐渍白菜等。

（2）半干态。蔬菜以不同方式脱水后，再经腌制成不含菜卤的蔬菜制品，如榨菜、大头菜、冬菜、萝卜干等。

（3）干态。蔬菜以反复晾晒和盐渍的方式脱水加工而成的含水量较低的蔬菜制品，或利用腌渍先脱去一部分水分，再经晾晒或干燥使其产品水分下降到一定程度的制品，如梅干菜、干菜笋等。

2. 酱菜类

酱菜类是以蔬菜为主要原料，经盐渍成蔬菜咸坯后，浸入酱或酱油内酱渍而成的蔬菜制品，如扬州酱黄瓜、北京八宝菜、天津什锦酱菜等。

3. 糖醋菜类

糖醋菜类是将蔬菜盐腌制成咸坯，经过糖和醋腌渍而成的蔬菜制品，如武汉的糖醋藠头、南京的糖醋萝卜、糖醋大蒜等。

4. 盐水渍菜类

盐水渍菜类是将蔬菜直接用盐水或盐水和香辛料的混合液生渍或熟渍，经乳酸发酵而成的制品，如泡菜、酸黄瓜等。

5. 清水渍菜类

其典型特点是在渍制过程中不加入食盐。它是以新鲜蔬菜为原料，用清水生渍或熟渍，经乳酸发酵而成的制品。这类制品大多是家庭自制自食，如酸白菜等。

6. 菜酱类

菜酱类是以蔬菜为原料，经过处理后，经盐渍或不经盐渍，加入调味料、香辛料等辅料而制成的糊状蔬菜制品，如韭花酱、辣椒酱、蒜蓉辣酱等。

二、果蔬腌制原理

果蔬腌制原理主要是利用食盐的高渗透压作用、微生物的发酵作用、蛋白质的分解作用及其他一系列的生物化学作用，抑制有害微生物的活动和增加产品的色、香、味。

1. 食盐的保藏作用

有害微生物在蔬菜上的大量繁殖和酶的作用，是造成蔬菜腐烂变质的主要原因，也是导致蔬菜腌制品品质败坏的主要因素。食盐的防腐保藏作用，主要是它具有脱水、抗氧化、降低水分活性、离子毒害和抑制酶活性等作用。

（1）脱水作用。食盐溶液具有很高的渗透压，1%的食盐溶液可产生 618 千帕的渗透压，而大多数微生物细胞的渗透压为 304~608 千帕。蔬菜腌制的食盐用量大多在 4%~15%，可产生 2 472~9 270千帕的渗透压，远远超过了微生物细胞的渗透压。由于这种渗透压的差异，必然导致微生物细胞内的水分外渗，造成质壁分离，导致微生物细胞脱水失活，发生生理干燥而被抑制甚至死亡。不同种类的微生物，具有不同的耐盐能力。一般来说，霉菌和酵母菌对食盐的耐受力比细菌大得多，酵母的耐盐力最强。

（2）抗氧化作用。氧气在水中具有一定的溶解度，食品腌制使用的盐水或由食盐渗入食品组织中形成的盐液其浓度较大，使得氧气的溶解度大大下降，从而造成微生物生长的缺氧环境，这样就使一些需要氧气才能生长的好气性微生物受到抑制，降低微生物的破坏作用。

（3）降低水分活度。食盐溶于水后，离解的钠离子和氯离子与极性的水分子由于静电引力的作用，使得每个钠离子和氯离子周围都聚集一群水分子，形成所谓的水合离子。食盐的浓度越高，所吸引的水分子也就越多，这些水分子就由自由水状态转变结合水状态，导致水分活度下降。在饱和食盐溶液中（其质量分数为 26.5%），无论是细菌、酵母还是霉菌都不能生长，因为没有自由水可供微生物利用，所以降低环境的水分活度是食盐能够防腐的又一个重要原因。

（4）生理毒害作用。食盐溶液中的一些离子，如钠离子、镁离子、钾离子和氯离子等，在高浓度时能对微生物产生生理毒害作用。钠离子能和细胞原生质中的阴离子结合产生毒害作用，而且这种作用随着溶液 pH 值的下降而加强，如酵母在中性食盐溶液中，盐液中食盐的质量分数要达到 20%才会受到抑制，但在酸性溶液中，食盐的质量分数达 14%时就能抑制酵母的活动。有人认为，食盐溶液中的氯离子能和微生物细胞的原生质结合，从而促进细胞死亡。

(5) 对酶活力的影响。蔬菜中溶于水的大分子营养物质，微生物难以直接吸收，必须先经过微生物分泌的酶转化为小分子之后才能利用。有些不溶于水的物质，更需要经微生物或蔬菜本身酶的作用，转变为可溶性的小分子物质。微生物分泌出来的酶的活性常在低浓度的盐液中就遭到破坏，这可能是由于Na^+和Cl^-可分别与酶蛋白的肽键和$-NH_3^+$相结合，从而使酶失去其催化活力，如变形菌在食盐的质量分数3%的盐液中就失去了分解血清的能力。

2. 微生物的发酵作用

(1) 正常的发酵作用。在蔬菜腌制过程中，由微生物引起的正常发酵作用有乳酸发酵、酒精发酵及醋酸发酵，这些发酵作用的主要生成物，不但能够抑制有害微生物的活动而起到防腐作用，而且能使制品产生酸味及香味。

(2) 有害的发酵及腐败作用。在蔬菜腌制过程中有时会出现变味发臭、长膜、生花、起漩生霉，甚至腐败变质、不堪食用的现象，这主要是由于下列有害发酵及腐败作用所致。

①丁酸发酵：由丁酸菌引起，该菌为嫌气性细菌，寄居于空气不流通的污水沟及腐败原料中，可将糖、乳酸发酵生成丁酸、二氧化碳和氢气，使制品产生强烈的不愉快气味。

②细菌的腐败作用：腐败菌分解原料中的蛋白质，产生吲哚、甲基吲哚、硫化氢和胺等恶臭气味的有害物质，有时还产生毒素，不可食用。

③有害酵母的作用：有害酵母常在泡酸菜或盐水表面长膜、生花。表面上长一层灰白色、有皱纹的膜，沿器壁向上蔓延的称长膜；而在表面上生长出乳白光滑的“花”，不聚合，不沿器壁上升，振动搅拌就分散的称生花。它们都是由好气性的产膜酵母繁殖所引起的，以糖、乙醇、乳酸、醋酸等为碳源，分解生成二氧化碳和水，使制品酸度降低，品质下降。

④起漩生霉：蔬菜腌制品若暴露在空气中，因吸水而使表面盐度降低，水分活性增大，就会受到各种霉菌危害，产品就

会起漩、生霉。导致起漩生霉的多为好气性的霉菌，它们在腌制品表面生长，耐盐能力强，能分解糖、乳酸，使产品品质下降。还能分泌果胶酶，使产品组织变软，失去脆性，甚至发软腐烂。

3. 蛋白质的分解及其他生化作用

在腌制过程及后熟期中，蔬菜所含蛋白质因受微生物的作用和蔬菜原料本身蛋白酶的作用逐渐分解为氨基酸，这一变化在蔬菜腌制过程和后熟期十分重要，也是腌制品产生色香味的主要来源。

三、果蔬腌制工艺

1. 发酵性腌制品工艺

(1) 泡菜。泡菜是我国很普遍的一种蔬菜腌制品，在西南和中南各省民间加工非常普遍，以四川泡菜最著名。泡菜因含适宜的盐分并经乳酸发酵，咸酸适口，味美嫩脆，既能增进食欲，帮助消化，还具有保健作用。

①原料选择：凡是组织致密、质地嫩脆、肉质肥厚而不易软化的新鲜蔬菜均可作泡菜原料，如藕、胡萝卜、青菜头、菊芋、子姜、大蒜、藠头、蒜薹、甘蓝、花椰菜等。将原料菜洗净切分，晾干明水备用。

②发酵容器：泡菜乳酸发酵容器有泡菜坛、发酵罐等。

泡菜坛：以陶土为材料两面上釉烧制而成。大者可容数百千克，小者可容几千克，为我国泡菜传统容器。距坛口5~10厘米处有一圈坛沿，坛沿内掺水，盖上坛盖成“水封口”，可以隔绝外界空气，坛内发酵产生的气体可以自由排出，造成坛内嫌气状态，有利于乳酸菌的活动。因此泡菜坛是结构简单、造价低廉、十分科学的发酵容器。使用前应检查有无渗漏，坛沿、坛盖是否完好，洗净后用1.0%盐酸水溶液浸泡2~3小时以除去铅，再洗净沥干水分备用。

发酵罐：不锈钢制，仿泡菜坛设置“水封口”，具有泡菜坛优点，容积可达1～2立方米，能控温，占地面积小，生产量大，但设备投资大。

③泡菜盐水配制：配制盐水应用硬水，硬度在16°H以上，如井水、矿泉水含矿物质较多，有利于保持菜的硬度和脆度。自来水硬度在25°H以上，可以用来配制泡菜水，且不必煮沸，否则会降低硬度。水还应澄清透明，无异味和无臭味。盐以井盐为好，如四川自贡盐、五通盐。海盐因含镁味苦而需焙炒后，方可使用。

配制比例：以水为准，加入食盐6%～8%，为了增进色香味，还可加入2.5%黄酒、0.5%白酒、3%白糖、1%红辣椒，以及茴香、草果、甘草、胡椒、山奈等浅色香料少许。并用纱布袋包扎成香料包，盛入泡菜坛中，以待接种老泡菜水或人工纯种扩大的乳酸菌液。

老泡菜水亦称老盐水，系指经过多次泡制，色泽橙黄、清晰，味道芳香醇正，咸酸适度，未长膜生花，含有大量优良乳酸菌群的优质泡菜水。可按盐水量的3%～5%接种，静置培养3天后即可用于泡制出坯菜料。

人工纯种乳酸菌培养液制备，可选用植物乳杆菌、发酵乳杆菌和肠膜明串珠菌作为原菌种，用马铃薯培养基进行扩大培养，使用时将三种扩大培养菌液按5：3：2混合均匀后，再按盐水量的3%～5%接种到发酵容器中，即可用于出坯菜料泡制。

④预腌出坯：按晾干原料量用3%～4%的食盐与之拌合，称预腌。其目的是增强细胞渗透性，除去过多水分，同时也除去原料菜中一部分辛辣味，以免泡制时过多地降低泡菜盐水的食盐浓度。为了增强泡菜的硬度，可在预腌同时加入0.05%～0.1%的氯化钙。预腌24～48小时，有大量菜水渗出时，取出沥干明水，称出坯。

⑤泡制与管理：入坛泡制，将出坯菜料装入坛内的一半，放入香料包，再装菜料至离坛口6～8厘米处，用竹片将原料卡

住，加入盐水淹没菜料。切忌菜料露出水面，因接触空气而氧化变质。盐水注入至离坛口3~5厘米。盖上坛盖，注满坛沿水，任其发酵。经1~2天，菜料因水分渗出而沉下，可补加菜料填满。

原料菜入坛后所进行的乳酸发酵过程，根据微生物的活动和乳酸积累量多少，分为三个阶段。

发酵初期：以异型乳酸发酵为主，原料入坛后原料中的水分渗出，盐水浓度降低，pH值较高，主要是耐盐不耐酸的微生物活动，加大肠杆菌、酵母菌，同时原料的无氧呼吸产生二氧化碳，二氧化碳积累产生一定压力，便冲起坛盖，经坛沿水排出，此阶段可以看出坛沿水有间歇性的气泡冲出，坛盖有轻微的碰撞声。乳酸积累为0.2%~0.4%。

发酵中期：主要是正型乳酸发酵，由于乳酸积累，pH值降低，大肠杆菌、腐败菌、丁酸菌受到抑制，而乳酸菌活动加快，进行正型乳酸发酵，含酸量可达0.7%~0.8%。坛内缺氧，形成一定的真空状态，霉菌因缺氧而受到抑制。

发酵末期；正型乳酸发酵继续进行，乳酸积累逐渐超过1.0%，当含量超过12%时，乳酸菌本身活动也受到抑制，发酵停止。

通过以上三个阶段发酵进程，就乳酸积累量、泡菜风味品质而言，以发酵中期的泡菜品质为优。如果发酵初期取食，成品咸而不酸有生味，发酵后期取食便是酸泡菜。成熟的泡菜，应及时取出包装，阻止其继续变酸。

泡菜取出后，适当加放补充盐水，含盐量达6%~8%，又可加新的菜坯泡制，泡制的次数越多，泡菜的风味越好；多种蔬菜混泡或交叉泡制，其风味更佳。

若不及时加新菜泡制，则应加盐提高其含盐量至10%以上，并适量加入大蒜梗、紫苏藤等富含抗生素的原料，盖上坛盖，保持坛沿水不干，以防止泡菜盐水变坏，称“养坛”，以后可随时加新菜泡制。

泡制期中的管理。首先注意坛沿水的清洁卫生。坛内发酵后常出现一定的真空度，坛沿水可能倒灌入坛内，如果坛沿水不清洁就会带进杂菌，使泡菜水受到污染，可能导致整坛泡菜烂掉。即使是清洁的无菌的水吸入后也会降低盐水浓度，所以以加入10%的盐水为好。坛沿水还要注意经常更换，以防水干。发酵期中应每天轻揭盖1~2次，使坛内外压力保持平衡，避免坛沿水倒灌。

在泡菜的完熟、取食阶段，有时会出现长膜生花，此为好气性有害酵母所引起，会降低泡菜酸度，使其组织软化，甚至导致腐败菌生长而造成泡菜败坏。补救办法是先将菌膜捞出，缓缓加入少量酒精或白酒，或加入洋葱、生姜片等，密封几天花膜可自行消失。此外，泡菜中切忌带入油脂，因油脂漂浮于盐水表面，被杂菌分解而产生臭味。取放泡菜须用清洁消毒工具。

（2）酸菜。酸菜的腌制在全国各地十分普遍。北方、华中以大白菜为原料，四川则多以叶用芥菜、茎用芥菜为原料。根据腌制方法和成品状态不同，可分为两类，现将其工艺分述如下。

①湿态发酵酸菜：四川多选用叶片肥大、叶柄及中肋肥厚、粗纤维少、质地细微的叶用芥菜，以及幼嫩肥大、皮薄、粗纤维少的茎用芥菜。去除粗老不可食部分，适当切分，淘洗干净，晒干，稍萎蔫。按原料重加3%~4%食盐干腌，入泡菜坛，稍加压紧，食盐溶化，菜水渗出，淹没菜料，盖上坛盖，加满坛沿水，任其自然发酵，亦可接种纯种植物乳杆菌发酵。在发酵初期除乳酸发酵外亦有轻微的酒精发酵及醋酸发酵。经半个月至1个月，乳酸含量积累达1.2%以上，高者可达1.5%以上便成酸菜。

东北、华北一带生产的清水发酵酸白菜，则是将大白菜选别级，剥去外叶，纵切成两瓣，在沸水中漂烫1~2分钟，迅速冷却。将冷却后的白菜层层交错排列在大瓷缸中，注入清水，

使水面淹过菜料10厘米左右，以重石压实。经20天以上自然乳酸发酵即可食用。

②半干态发酵酸菜：多以叶用芥菜、长梗白菜和结球白菜为原料，除去烂叶老叶，削去菜根，晾晒2~3天，晾晒至原重量的65%~70%。腌制容器一般采用大缸或木桶。用盐量是每100千克晒过的菜用4~5千克，如要保藏较长时间可酌量增加。

腌制时，一层菜一层盐，并进行揉压，要缓慢而柔和，以全部菜压紧实见卤为止。一直腌到距缸沿10厘米左右，加上竹栅，压以重物。待菜下沉，菜卤上溢后，还可加腌一层，仍然压上石头，使菜卤漫过菜面7~8厘米，置凉爽处任其自然发酵产生乳酸，经30~40天即可腌成。

2. 非发酵性腌制品工艺

（1）咸菜类。咸菜是我国南北各地普遍加工的一类蔬菜腌制品，产量大，品种多，风味各异，保存性好，深受人们喜爱。

①咸菜：是一种最常见的腌制品，全国各地每年都有大量加工，四季均可进行，而以冬季为主。适用的蔬菜有芥菜、雪里蕻、白菜、萝卜、辣椒等，尤以前三种最常用。每年于小雪前后采收，削去菜根，剔除边皮黄叶，然后在日光下晒1~2天，减少部分水分，并使质地变软便于操作。

将晾晒后的净菜依次排入缸内（或池内），每100千克净菜加食盐6~10千克，依保藏时间的长短和所需口味的咸淡而定。按照一层菜铺一层盐的方式，并层层搓揉或踩踏，进行腌制。要求搓揉到见菜汁冒出，排列紧密不留空隙，撒盐均匀而底少面多，腌至八九成满时将多余食盐撒于菜面，加上竹栅压上重物。到第2~3天时，卤水上溢菜体下沉，使菜始终淹没在卤水下面。

腌渍所需时间，冬季1个月左右，以腌至菜梗或片块呈半透明而无白心为标准。成品色泽嫩黄，鲜脆爽口。一般可贮藏3个月。如腌制时间过长，其上层近缸面的菜，质量渐次，开始变酸，质地变软，直至发臭。

②榨菜：榨菜以茎用芥菜膨大的茎（青菜头）为原料，经去皮、切分、脱水、盐腌、拌料装坛（或入池）、后熟转味等工艺加工而成。由于在加工过程中曾将盐腌菜块用压榨法压出一部分卤水故称榨菜。在国内外享有盛誉，列为世界名腌菜。原为四川独产，现已发展至浙江、福建、上海、江西、湖南及中国台湾等省市。仅四川现年产10万~12万吨，浙江、福建年产15万吨以上，畅销国内外。

榨菜生产由于脱水方法不同，又有四川榨菜（川式榨菜）与浙江榨菜（浙式榨菜）之分。前者为自然晾晒（风干）脱水，后者为食盐脱水，形成了两种榨菜品质上的差异。

四川榨菜。其具有鲜香嫩脆、咸辣适当、回味返甜、色泽鲜红、块形整齐美观等特色。腌制的工艺流程可以概括如下。

原料选择→剥皮穿串→晾晒下架→头道盐腌制→二道盐腌制→修剪除筋→整形分级→淘洗上囤→拌料装坛→后熟清口→封口装竹篓→成品。

原料选择：加工榨菜所利用的原料系一种茎用芥菜，俗称为青菜头。原料宜选择组织细嫩、坚实、皮薄、粗纤维少、突起物圆钝、凹沟浅而小、整体呈圆形或椭圆形、体形不太大的菜头。菜头含水量宜低于94%，可溶性固形物含量应在5%以上。以立春前后5天内收获的原料称为头期菜，品质最好。过早采收单产低，过迟菜抽薹，肉质变老，制成产品榨菜品质低劣。

剥皮穿串：收购入厂的菜头必须先用剥菜刀把基部的粗皮老筋剥完。然后根据榨菜头的重量适当切分，250~300克的可不划开，300~500克的划成2块，500克以上的划成3块的原则，分别划成150~250克重的菜块。划块时要求划得大小比较均匀，每一块要老嫩兼备，青白齐全，呈圆形或椭圆形。这样晾晒时才能保证干湿均匀，成品比较整齐美观。剥皮后直接用蔑丝或聚丙烯塑料带（打包带）沿切面平行的方向穿过，称排块法穿串，穿满一串两头竹丝回穿于菜块上，每串可穿菜块4~

5 千克，长约 2 米。

晾晒下架：将穿好的菜块搭在架上将菜块的切面向外，青面向里使其晾干。在晾晒期中如自然风力能保持 2~3 级，大致经过 7~10 天时间即可达到脱水程度，菜块即可下架准备进行腌制了。凡脱水合格的干菜块，手捏觉得菜块周身柔软而无硬心，表面皱缩而不干枯，无霉烂斑点、无黑黄空花、无发梗生芽、无棉花包等异变。

晾晒中若遇久晴不雨、太阳大，菜块易“发梗”；久雨不晴，菜块易生漩腐烂，发现生漩应及时除去，以免蔓延，严重时应及时下架，按照菜块重加 2%食盐腌制 1 天，腌制 1 天取出囤干明水，然后按下面正常腌制法进行。

腌制：目前大多采用大池腌制，菜池为地下式，规格有 3.3 米×3.3 米×3.3 米、4 米×4 米×2.3 米，用耐酸水泥做内壁，或铺耐酸瓷砖，每池可腌制菜块 2.5 万~2.7 万吨。

第一次腌制，也称头道盐腌制。将干菜块称重后装入腌制池，一层厚 30~45 厘米，重 800~1 000千克，用盐 32~40 千克（按菜重的 4%），一层菜一层盐，如此装满池为止，每层都必须用人工或踩池机踩紧，以表面盐溶化，出现卤水为宜。顶层撒上由最先 4~5 层提留 10%的盖面盐。腌制 3 天即可用人工或起池机起池，一边利用菜卤水淘洗一边起池边上囤，池内盐水转入专用澄清池澄清，上囤高 1 米为宜，同时可入池踩压，踩出的菜水也让其流入澄清池。上囤 24 小时后即为半熟菜块。

第二次腌制，经过头道盐腌制的半熟菜块过秤再入池进行二道腌制。方法与头道腌制相同，但每层菜量减少为 600~800 千克，用盐量为半熟菜块的 6%，即每层 36~48 千克，每层用力压紧，顶层撒盖面盐，早晚踩池一次，7 天后菜上囤，踩压紧实，24 小时后即为毛熟菜块。

修剪除筋和整形分级：用剪刀仔细剔净毛熟菜块上的飞皮、叶梗基部虚边，再用小刀削去老皮、黑斑烂点，抽去硬筋，以不损伤青皮、菜心和菜块形态为原则。修剪的同时按大菜块、

小菜块、碎菜块分别堆放。

淘洗上囤：将分级的菜块用经过澄清的盐水或新配制的含盐量为8%的盐水人工或机械淘洗。除去菜块上的泥沙污物，随即上囤踩紧，24小时后流尽表面盐水，即成为净熟菜块。

拌料装坛：按净熟菜块质量配好调味料：食盐按大、小、碎菜块分别为6%、5%、4%，红辣椒粉1.1%，整形花椒0.03%及混合香料末0.12%。混合香料末的配料比例为八角45%、白芷3%、山奈15%、桂皮8%、干姜15%、甘草5%、砂头4%、白胡椒5%，事先在大菜盆内充分拌和均匀，再撒在菜块上均匀拌和后装坛。

装坛前检查榨菜坛，应无砂眼、缝隙。榨菜坛要洗净，并用酒精擦抹，晾干待用。装坛前先在地面挖一坛窝，以稳住坛子不动摇，以便于操作。菜要分次装，每坛宜分五次装满，排除坛内空气，切勿留有空隙。在坛口菜面上再撒一层红盐，约60克（红盐比例：食盐1千克加辣椒粉25千克，拌匀）。在红盐面上交错盖上2~3层干净玉米壳，再用干萝卜叶扎紧坛口，封严，入库堆码后熟。

后熟及清口：刚拌料装坛的菜块尚属生榨菜，其色泽鲜味和香气还未完全形成。经存放在阴凉干燥处后熟一段时间，生味逐渐消失，色泽蜡黄，鲜味、香气开始显现。一般说来，榨菜的后熟期至少需要两个月，时间延长，品质会更好。装坛后1个月即开始出现坛口翻水现象，即坛口菜叶逐渐被上升的盐水浸湿，进而有黄褐色的盐水由坛口溢出坛外，这是正常现象，是因坛内发酵作用产生气体或品温升高菜水体积膨胀所致，翻水现象至少要出现2~3次，即菜水翻上来之后不久又落下去，过一段时间又翻上来，再落下去，如此反复2~3次，每次翻水后取出菜叶并擦净坛口及周围菜水，换上干菜叶扎紧坛口，这一操作称为“清口”，一般清口2~3次。坛内保留盐水约750克，即可封口。如装坛后1月内无翻水现象，说明菜块已出问题，应开坛检查找出原因及时补救。

封口装竹篓：封口用水泥沙浆，比例为水泥：河沙：水=2：1：2，沙浆充分拌和后涂敷在坛口上，中心留一小孔，以防爆坛。水泥未凝固前打上厂印。水泥干固后套上竹篓即为成品，出厂运销。

浙江榨菜。浙江因青菜头采收期4—5月正值雨季，难以自然晾晒风干脱水，而采用食盐直接腌制脱水。其加工方法如下。

原料收购→剥菜→头次腌制→头次上囤→二次腌制→二次上囤→修剪挑筋→分级整形→淘洗上榨→拌料装坛→覆查封口→成品。

青菜头收购、剥菜：标准和操作与四川榨菜相同。

头次腌制：腌制池与四川榨菜腌制池大致相同，菜块过秤后入池，同样一层菜一层盐至池口平，每层菜约800千克，厚15~17厘米，每100千克菜用盐3~3.5千克。撒盐仍为底轻上重，下面十几层每层留面盐1千克全部撒在顶层作面盐，层层踩紧，面层铺上竹编隔板，加压重石，每1立方米需加压2~2.5吨。

头次上囤：腌制一定时间后（一般不超过3天）即须出池，进行第一次上囤。先将菜块在原池的卤水中淘洗，洗去泥沙后即可上囤，面上压以重物，以卤水易于沥出为度。上囤时间勿超过1天，出囤时菜块重为原重的62%~63%。

二次腌制：菜块出囤后过磅，进行第二次腌制。操作方法同前，但菜块下池时每层不超过13~14厘米。用盐量为出囤后菜块重的5%。在正常情况下腌制一般不超过7天，若需继续腌制，则应翻池加盐，每100千克再加盐2~3千克，灌入原卤，用重物压好。

二次上囤：操作方法同前一次上囤，这次囤身宜大不宜小，菜块上囤后只须耙平压实，面上可不压重物，上囤时间以12小时为限。出囤时的榨折率约为68%。

修整挑筋：出囤后将菜块进行修剪，修去粗筋，剪去飞皮和菜耳，使外观光滑整齐，整理损耗约为第二次出囤菜块

的5%。

淘洗上榨：整理好的菜块再进行一次淘洗，以除尽泥沙。淘洗缸需备两只以上，一供初洗，二供复洗，初洗时所用卤水为第2次腌制后的滤清菜卤。洗净后上榨，上榨时榨盖一定要缓慢下压，使菜块外部的明水和内部可能压出的水分徐徐压出，而不使菜块变形或破裂。上榨时间不宜过久，程度须适当，勿太过或不及，必须掌握榨折率在85%~87%。

拌料装坛：出榨后称重，按每100千克加入辣椒粉1.75千克、花椒65~95克、五香粉95克、甘草粉65克、食盐5千克、苯甲酸钠60克。先将各配料混合拌匀，再分两次与菜块同拌，务使拌料均匀一致。拌好即可装坛，每坛分五次装满，每次菜块装入时，均须三压三捣，使各部分紧实，用力要均匀，防止用力过猛而使菜块或坛破损。每坛装至距坛口2厘米为止，再加入面盐50克，塞好干菜叶（干菜叶是用新鲜榨菜叶经腌渍晒干的咸菜叶）。塞口时必须塞得十分紧密。装坛完毕后，坛面要标明毛重、净重、等级、厂名、装坛日期和装坛人编号。

覆查封口：装坛后15~20天内，进行覆口检查，取出塞口菜，如坛面菜块下落，应追加同级菜块，如坛面出现生花发霉，应将菜块取出，另换新菜，再加面盐，按四川榨菜方法封口。

（2）酱菜类。蔬菜的酱制是取用经盐腌保藏的咸坯菜，经去咸排卤后进行酱渍。在酱渍过程中，酱料中的各种营养成分和色素，通过渗透、吸附作用进入蔬菜组织内，而制成滋味鲜甜、质地脆嫩的酱菜。酱菜加工各地均有传统制品，如扬州的什锦酱菜、绍兴的酱黄瓜、北京的“六必居”酱菜都很有名。优良的酱菜除应具有所用酱料的色、香、味外，还应保持蔬菜固有的形态和质地脆嫩的特点。

酱菜的原料绝大多数是利用新鲜蔬菜收获季节先行腌制的咸菜坯，为了提高咸菜坯的保藏期，在腌制时都采用加大食盐用量的办法来抑制微生物的活动。所以咸菜坯的含盐量都很高，在酱渍前均需对咸菜坯进行脱盐工艺。咸菜坯的食盐量一般在

20%~22%，酱渍时应使菜坯盐分控制在10%左右。通常将咸菜坯加入一定量的清水浸泡去咸，加水量与浸泡时间可根据咸菜坯的盐分、气温高低而定。

菜坯经清水浸泡去咸后，捞出时将淡卤自然加压排除。传统的操作是将菜坯从缸内捞出装入篾箩或布袋中，一般是每三箩或每五袋相互重叠利用自重自然排卤，隔1~1.5小时上下相互对调一次，使菜坯表层的淡卤排出均匀，以保证酱渍质量。

酱渍的方法有三：其一是直接将处理好的菜坯浸没在豆酱或甜面酱的酱缸内；其二是在缸内先放一层菜坯再加一层酱，层层相间地进行酱渍；其三是将原料先装入布袋内然后用酱覆盖。酱与菜坯的比例一般为5：5，最少不低于3：7。

在酱渍过程中要进行搅动，使原料能均匀地吸附酱色和酱味，同时使酱的汁液能顺利地渗透到原料组织中去。成熟的酱菜不但色、香、味与酱完全一致，而且质地嫩脆，色泽酱红呈半透明状。

由于去咸菜坯中仍含有较多的水分，入酱后菜坯中的水分会逐渐渗出使酱的浓度不断降低。为了获得品质优良的酱菜，最好连续进行三次酱渍。即第一次在第一个酱缸内进行酱渍，1周后取出转入第二个酱缸内，再用新鲜的酱酱渍1周，随后取出转入第三个酱缸内继续酱渍1周，至此酱菜才算成熟。酱渍的时间长短随菜坯种类及大小而异，一般需15~20天。如果在夏天酱渍由于温度高，酱菜的成熟期限可以大为缩短。

在常压下酱渍，时间长，酱料耗量也大，可采用真空压缩速制酱菜新工艺，使菜坯置密封渗透缸内，抽一定程度真空后，随即吸入酱料，并压入净化的压缩空气，维持适当压力及温度十几小时到3天，酱菜便制成，比常压渗透平衡时间缩短10倍以上。

在酱料中可加入各种调味料酱制成不同花色品种的酱菜。如加入花椒、香料、料酒等制成五香酱菜，加入辣椒酱制辣酱菜，将多种菜坯按比例混合酱渍，或已酱渍好的多种酱菜按比例搭配包装制成八宝酱菜、什锦酱菜。

（3）糖醋菜类。糖醋菜类各地均有加工，以广东的糖醋酥姜、镇江的糖醋大蒜、糖醋萝卜较为有名。原料以大蒜、萝卜、黄瓜、生姜等为主。由于各地配方不一，风味各异，制品甜而带酸，质地脆嫩，清香爽口，深受人们欢迎。

①糖醋大蒜：选用鳞茎整齐、肥大色白、肉质鲜嫩的大蒜用于加工。先切去根部和假茎，剥去包在外面的粗老外衣 2~3 层，在清水中洗净沥干，进行腌制。

腌制时，按每 100 千克鲜蒜头用盐 10 千克，分层腌入缸中，一层蒜头一层盐，装到半缸或大半缸时为止。腌后每天早晚各翻缸一次，连续 10 天即成咸蒜头。

把腌好的咸蒜头从缸内捞出沥干卤水，摊铺在晒席上晾晒，每天翻动一两次，晒到 100 千克咸蒜头减重至 70 千克左右为度。按晒后重每 100 千克用食醋 70 千克，红糖 18 千克，糖蜜素 60 克。先将醋加热至 80℃，加入红糖令其溶解，稍凉片刻后加入糖蜜素，即成糖醋液。将晒过的咸蒜头先装入坛内，只装 3/4 坛并轻轻摇晃，使其紧实后灌入糖醋液至近坛口，将坛口密封保存。1 个月后即可食用。在密封的状态下可供长期贮藏。糖醋渍时间越长，制品品质会更好。

②糖醋藠头：藠头实为薤，形状美观，肉质洁白而脆嫩，是制作糖醋菜的好原料。原料采收后除去霉烂、带青绿色及直径过小的藠头，剪去根须和梗部，保留梗长约 2 厘米，用清水洗净泥沙。

腌制时，按每 100 千克原料用盐 5 千克。将洗净的原料沥去明水，放在盆内加盐充分搅拌均匀，然后倒入缸内，至八成满时，撒上面盐，盖上竹帘，用大石头均匀压紧，腌 30~40 天，使藠头腌透呈半透明状。捞出沥去卤水，并用等量清水浸泡去咸，时间为 4~5 小时。最后用糖醋液，方法和蒜头渍法基本相同，但所用糖醋液配料为 2.5%~3% 的冰醋酸液 70 千克，白砂糖 18 千克，糖蜜素 60 克。不可用红糖和食醋，这样才能显出制品本身的白色。口味也可根据消费者的爱好而变化。

第三章　肉制品加工

第一节　畜肉类腌腊制品

一、农家腊肉

1. 工艺流程

选料→切块→漂洗→配料→腌制→烘烤或熏烤→冷却→包装。

2. 操作要点

(1) 选料。选择那些皮薄肉嫩、卫生检验合格的新鲜猪肉的肋条肉作为原材料，也可以选择其他地方的肉，但是注意肥瘦比例一般在5∶5或4∶6左右。

(2) 切块。去掉骨头，切掉下端的奶脯，切成长35~40厘米、宽2~3厘米的肉条，将带皮肥膘的一端用刀穿一小孔，便于穿绳吊挂。

(3) 漂洗。把肉用温水清洗干净，去掉血污、表面浮油，然后沥干水分。

(4) 配料。因地域风味不同配料各异。现介绍几种常见配方。

广式腊肉配方：肋条肉100千克，白砂糖3.5千克，60度曲酒1.5千克，无色酱油600克，精盐1.8千克，异维生素C钠40克，三聚磷酸钠10克，山梨酸钾250克。

武汉腊肉配方：原料肉100千克，白胡椒粉0.2千克，咖喱

粉0.05千克，精盐3千克，白砂糖6千克，无色酱油2.5千克，白酒1.5千克，硝酸盐15～20克。

（5）腌制。在肉面上均匀地撒上配好的腌料，然后充分搓揉，使它调和均匀，然后把肉放在池里或者缸里，初放时皮面在下，肉面向上，接着一层一层地压紧盖好，最上一层肉面向下，皮面向上，最后将剩余配料全部均匀地撒在肉面层上，每两天翻缸一次，腌5～7天即可起缸。

（6）烘烤或熏烤。天气晴朗的时候可以晒晾3～4天。阴天的时候就需要用50～60℃的温度烘烤。熏烤或烘烤时间根据肉块的大小不同而不一样，可24～72小时不等，皮面干燥、瘦肉鲜红、肥肉呈乳白色或透明就可以出炕。熏料一般选择的是梨木、杉木、不含树脂的阔叶树锯末、花生壳、瓜子壳、板栗壳、木炭、包谷芯、甘蔗渣、糠壳等，也可以增加一些柑橘皮、柏树枝叶增加它的香味，在不充分燃烧的条件下对肉制品进行熏烤。注意，在熏烤或者烘烤的过程中，一般每隔一段时间就要把肉条上下调换，达到均匀一致。

（7）包装。腊肉出炕后，应该挂在通风地方进行冷却和散热处理，这样可以避免水蒸气影响包装的效果和质量。现在大多数使用真空封袋包装，每袋500克。

3. 主要质量指标

（1）感官指标。肌肉呈红色或暗红色，皮色酱黄，表面干燥有弹性，具有腊肉固有的风味，保质期为半年。

（2）理化指标。酸价（以脂肪计）≤4毫克KOH/克，过氧化值（以脂肪计）≤0.5%，水分≤25%，食盐≤3%。

4. 主要设备

烤房（熏房）、真空包装机、屠宰刀具等。

二、香肠

1. 工艺流程

选料→清洗→分切→漂洗→拌料→灌肠→刺孔→扎结→漂洗→脱水干燥→成品包装。

2. 操作要点

（1）选料。最好选择新鲜合格的臀部肉、背脊肉、猪大腿，所以要剔除腱、骨，把肥肉和瘦肉分开。

（2）清洗。用清水清洗干净肉面血污，捞出控水。

（3）分切。把肥肉切成10~12毫米大小的肉丁，瘦肉绞成8~10毫米肉丁。

（4）漂洗。把肥肉放在30~50℃温水中漂洗一次，去掉浮油，沥干等待使用。

（5）拌料。以下介绍几种常见地方风味香肠的配方。

川味香肠配方一：瘦肉80千克，肥肉20千克，白糖1千克，酱油2.5千克，白酒1千克，味精0.2千克，花椒粉0.1千克，硝酸钠0.02千克，食盐2.5千克，五香粉0.15千克。

川味香肠配方二：瘦肉80千克，肥肉20千克，白糖1.5千克，无色酱油2.5千克，白酒1.5千克，芝麻油2千克，胡椒粉0.15千克，花椒粉0.1千克，辣椒粉0.15千克，食盐2.5千克，五香粉0.2千克，硝酸钠0.02千克。

广味香肠配方：瘦肉50千克，肥肉25千克，白糖7千克，白酒2.8千克，味精0.2千克，白胡椒粉0.2千克，异维生素C钠0.04千克，三聚磷酸钠0.01千克，食盐2.5千克，亚硝酸钠0.015千克。

北京香肠配方：瘦肉70千克，肥肉30千克，白糖2千克，无色酱油3千克，砂仁粉0.08千克，白酒1千克，花椒粉0.08千克，姜汁油0.3千克，食盐2.5千克，亚硝酸钠0.015千克。

方法：搅拌时首先把白糖、食盐、五香粉、味精、硝酸钠

等固体晶粒使用温水溶解，用水量约是肉重的6%，搅拌冷却后再加入酱油、白酒等。用此料液在瘦肉中拌匀，再加入肥肉一起混匀，立即进行灌肠。

（6）灌肠。肠衣通常使用的是猪小肠、羊小肠，也可以使用手工灌肠和灌肠机。要求肉馅均匀，松紧适宜。

（7）刺孔。在灌肠的时候，一边放入灌馅一边使用消毒针在肠衣上刺孔，这样可以保证肉馅均匀，利于干燥脱水，防止脂肪氧化和出现空肠。

（8）扎结。使用线绳或铝丝把香肠每隔12~15厘米扎成一小节。

（9）漂洗。用60~70℃温水洗去香肠表面的料液和油污，保证香肠的表面整洁美观。

（10）脱水干燥。脱水的方法有日晒或烘烤两种。人工干燥时烘房温度控制在45~55℃，烘温偏低，则适合微生物生长，使香肠变酸。烘温过高，脂肪熔化外渗，使颜色变暗，瘦肉熟化，出现空心肠。干燥时要定时倒肠、换架，这样可以使香肠成形匀称，受热一致。在烤架上的香肠在分布时，要保留一定的空隙，从而达到受热均匀，烘烤的时间一般是1~2昼夜，倒肠需要2~4次。

（11）包装。香肠要挂在通风和避光良好的场所挂晾风干，在10℃以下可保藏1~3个月。也可以按照包装规格使用真空袋包装，这样可以保存3~6个月。

3. 主要质量指标（特级指标）

（1）感官指标。表面干爽呈现收缩后的自然皱纹，外形完整、均匀。脂肪呈乳白色，外表有光泽。瘦肉呈枣红色、红色，滋味鲜美，咸甜适中。腊香味纯正浓郁，具有中式香肠（腊肠）固有的风味。

（2）理化指标。水分≤25%，食盐≤3%，亚硝酸盐≤20毫克/千克，过氧化值（以脂肪计）≤2.5%。

4. 主要设备

烘房、真空包装、机切肉机、灌肠机等。

三、火腿

1. 工艺流程

选料（选腿）→修腿→腌制→洗晒、整形→晾挂、发酵→堆放→出售。

2. 操作要点

（1）选料。选择新鲜、健康的带有猪皮的后腿肉，一般重量在5千克左右。要求皮薄、色白、新鲜、肥膘薄，腿形以小腿细长、脚爪纤细者为佳。

（2）修腿。把腿整理成弧形，边缘要整齐，腿面平整，呈现出“柳叶形”。去掉污物、残毛，同时去掉尾椎，削平耻骨，斩去脊骨，使肌肉外露，割去过多脂肪。

（3）腌制。腌制的原料主要是硝酸钠和食盐。配料：鲜腿100千克，食盐8～10千克，硝酸钠50克。腌制的温度一般在0～10℃，放盐5～7次，每次放盐量占总盐量的10%。

第一次上盐稍少（上小盐）：5千克鲜腿用盐100克左右。上盐的时候要均匀，反复搓揉，这样可以使盐均匀浸入肉里面，然后排出水分和淤血。上完盐后，将腿整齐堆叠码放，10℃以下可堆叠10～12层，腌制24小时。

第二次上盐稍多（上大盐）：5千克鲜腿约用盐250克。第二天进行上大盐，首先用手挤压血管，使淤血出来。接着在耻骨关节、血管淤血、大腿上部肌肉比较厚的地方涂抹少量的硝酸钠，一般冬天的时候不能使用。最后在三个较厚部位加重敷盐量，用盐后将腿上下倒换整齐堆叠，需腌3～4天。

复三盐：在第二次上盐之后的第六天进行，上盐量为100～150克，检查三个较厚部位腿质硬软和余盐多少，来决定盐量的增减。

复四盐：7 天左右，检查三个较厚部位的盐量，然后上下翻堆，调节腿温，使用盐的量为 50~100 克。

复五、六盐：间隔 7 天左右。目的同复四盐。

每天在进行翻堆的时候，要轻拿轻放，擦盐的时候要均匀，腿皮上不用盐，防止腿皮占盐，占盐的腿皮发白、无亮光。注意天气的温度变化。在腌池中腌 1 个月左右。

（4）洗晒、整形。首先用冷水浸泡数小时左右，然后再用温水边洗边刷，去掉泥沙、残毛、糊腻、血污，在阳光下晒干 1 天左右。在浸腿的时候，肉面向下，全部浸没，刷腿时顺肉纹依次将脚爪、皮面、肉面、腿尖洗刷干净。如果腿面变硬了，肉部较软，那么就可以整形。整形要求：小腿部正直，表面无皱纹。大腿部呈橄榄形，腿心饱满。脚爪部呈镰刀形。整形后暴晒 4~5 天，每天整形 1~3 次，然后使它的表面保持干燥，形状固定。这时候，肌肉紫色，腿面平整，内外坚实。腿皮呈黄色，皮下脂肪洁白。此时蒸发水分 10%~15%。

（5）晾挂、发酵。一方面使肌肉中的蛋白质、脂肪等发酵分解，使肉色、肉味、香气更为完善，另一方面使水分继续蒸发。将腿送入发酵室，把腿逐只挂在木架上，腿离地 2 米，间隔 5~7 厘米。一般发酵的时候就已经到了初夏，天气开始变热，腿的表面上出现了绿色的霉菌，也就是油花，这就是干燥和咸淡适中的标志。如出现黄霉（乳酸菌水花）是晒腿不足的标志，这种腿就容易变腐烂，生蛆。所以，在挂晾之前要一只一只地查看腿的干燥程度和是否有虫害、虫卵。发酵需要 2~3 个月，可人工接种酵母、霉菌，促其发酵，加速香味鲜美的形成。

（6）堆放。去掉灰尘、霉菌等，然后按照大、中、小分别堆列，注意每一堆的高度不要超过 15 只，腿皮要向下，腿肉向上。每隔 5~7 天上下调换一次，滴油用碗盆接住，再涂在表面，达到使腿质滋润的目的，这样腿失去重量 30%左右，即为新腿，过夏则为陈腿，风味更好。

（7）出售。火腿按照分级标准分级出售。

3. 主要质量指标（一级鲜度）

（1）感官指标。脂肪切面呈白色或微红色，肌肉切面呈深玫瑰色或桃红色，有光泽。组织致密结实，切面平整，具有火腿特有的香味，没有其他味道。

（2）理化指标。亚硝酸盐≤20 毫克/千克，三甲胺氮≤20 毫克/千克，过氧化物≤20 毫克/千克。

4. 主要设施

发酵室、刀具、腌制池、晾架等。

四、低温火腿

1. 工艺流程

原料处理叶腌制叶分割、斩拌→灌肠→煮制、杀菌→冷却→低温保藏。

2. 操作要点

（1）原料处理。新鲜牛肉：猪肉（肥：瘦=2：8）=3：7，使用清水处理干净，然后挤出残留在组织中的血液，剔除它的筋腱、碎骨、油膜。

（2）腌制。把食盐配成饱和溶液，把磷酸盐和亚硝酸盐分别取适量的浓度，然后使用盐水注射器把这些混合溶液注入牛、猪肉内，加入量（以肉的质量计）为：食盐 2.0%，磷酸盐 0.5%，亚硝酸盐 0.015%，然后使用按摩滚揉机滚揉，这样可以使腌制液在肌肉中能够快速地扩散，均匀渗透，使肌肉自溶早熟，然后放置在 0~4℃冷库中静置 36~48 小时。

（3）分割、斩拌。把腌制好的肉分割成（4~5）厘米×（3~4）厘米的块状，放进搅拌机里，同时加入作料：冰块 20%，淀粉 4%，味精 0.4%，胡椒粉 0.3%，肉蔻粉 0.1%，大蒜 0.5%，芫荽籽粉 0.2%。斩拌速度由慢到快，斩拌温度控制在 20℃以下。

（4）灌肠。使用塑料肠衣真空灌肠。要尽量地缩短停留的

时间，及时地煮制。

（5）煮制、杀菌。重250克、直径4~5厘米的火腿肠杀菌公式：30分钟—25分钟—30分钟/73℃。快速冷却。

（6）低温保藏。放置在0~4℃低温冷库下保藏。

3. 主要质量指标

（1）感官指标。切片呈红色或玫瑰色，色泽一致，有光泽；组织致密，有弹性，切片性能好，切面无直径大于5毫米的气孔，无汁液，无异物；外形良好，标签规整，无污垢，无破损，无汁液；风味爽口，咸淡适中，滋味鲜美，无异味。

（2）理化指标。含盐量为1.5%~3.5%；淀粉≤4%；水分为75%~80%；蛋白质≥14%；脂肪≤15%；复合磷酸盐≤8.0毫克/千克；亚硝酸盐≤70毫克/千克；铅（Pb）≤1.0毫克/千克。

（3）微生物指标。大肠菌群≤40个/100克，细菌总数≤10 000/个/克，致病菌不得检出。

4. 主要设备

腌制缸、低温腌制室、按摩滚揉机、斩拌机、灌肠机、刀具、盐水注射器、蒸煮锅、低温冷库等。

五、牛肉干

牛肉干是一种很美味的小吃，小块的牛肉干常常是四方形或长方形的，棕色或深红色。牛肉干选用上等牛肉，用柴炭烧干而制成，有时加上不同口味的烤汁及配方，例如蜜糖、果皮等。

（1）将剔去骨的新鲜牛肉切成10克左右的大块，放入锅中加少许盐煮至七八成熟，捞出晾凉后切为厚0.2~0.3厘米的大薄片。

（2）汤锅中加适量料酒、酱油、红糖以及用纱布包好的桂皮、花椒、大小茴香、姜片等调料，烧沸后放入切好的牛肉片，

旺火煮30分钟。

(3) 捞出沥去水分，用电烤箱（或炭火）烘干即可食用，如煮肉时味不佳，烘烤时可撒些五香粉、味精等调料。用此法制的牛肉干，香味浓郁，口感良好。

第二节　禽肉制品加工

一、烧鸡

1. 工艺流程

选料→白条鸡的整理（放血→煺毛→开膛→漂洗→造型）→清油炸鸡→配料煮鸡→捞鸡出锅→包装保存→老汤保养。

2. 操作要点

(1) 选料。选择本地没有病的农家仔鸡，饲养的时间要在两年以上，质量一般在1~1.5千克。

(2) 白条鸡的整理。包括放血—煺毛—开膛—漂洗—造型几个阶段。

放血：在宰杀前12个小时，原料鸡断食。一般使用隔断三管法放血，注意刀口不要太长，一般不要超过半厘米，要求鸡体平悬，头部稍低，鸡脖子拉直，这样方便放血干净。

煺毛：烫毛的时候一般要把握好时间和温度。通常是在60℃的水中放置1分钟就可以了，冬季可以高2~3℃。也可以使鸡爪去蘸水试温，若鸡爪伸直，外皮一捋即脱为好；卷曲则为过热。手工煺毛的顺序是：嗉囊→鸡头→颈→拔去嘴壳→左翅羽→背→两侧。注意，褪毛的时候不要弄破鸡皮。烫得均匀的并且熟练的，1分钟就可以褪掉一只鸡。如果是大量屠杀，就要使用煺毛机。

开膛：将鸡头朝前，背朝上，在鸡颈部右侧切口3厘米，用手指把嗉囊、食管与肌膜分开，从切口处扯出来。在腹部肛

门前开一个3厘米的小横口，然后把内脏取出来，注意不要把鸡肠和苦胆弄破。最后使用流动的水清洗干净。

造型：把两鸡爪交叉的从腹部开口处插入鸡腹腔内，把两翅膀折断，翅根旋转，从颈部切口处插入，再从最里面拉出来，鸡翅尖部翻转成“8”字形咬入口中。整鸡造型为两头皆尖的元宝型。

（3）清油炸鸡。白条鸡全身用淀粉糖或蜂蜜按糖水比4:6或5:5配制上色液涂抹均匀晾干。然后使用棕榈油、氢化油等炸鸡，再在油中加入抗氧化剂BHT 0.1~0.2克/千克或BHA 0.1~0.2克/千克。炸鸡关键是掌握油温和火候，炸老鸡190℃，炸雏鸡油温180℃为好。每只鸡在油锅里面翻炸半分钟左右，鸡身出现柿黄色的时候马上出锅，不然炸出来的鸡皮发乌，味道苦，捞出凉透。炸鸡一般不用猪油。

（4）配料煮鸡。按每百只（100千克）白条鸡配料：小茴香、大茴香各25克，荜拨10克，酱油0.2~0.4千克，丁香5克，砂仁、豆蔻各15克，陈皮、草果各30克，良姜、肉桂、白芷各90克，食盐2~3千克，白糖0.5~1千克，亚硝酸钠10~15克。

决定烧鸡味道的关键是药料配备是否合理。药料下锅之后，要把鸡平放在锅底，大鸡在下面，在里面，小鸡、嫩鸡在上，在外圈。白糖水，化食盐，加老汤，压鸡大火烧开，加入硝盐5分钟后压火，然后使用文火慢慢浸煮，直到煮熟才可以。小鸡和嫩鸡一般要煮2小时，两年以上的老鸡要煮3~4小时，才能达到透而成型的目的。

（5）捞鸡出锅。在煮鸡过程中，不可以翻锅，也不可以使汤滚落，这样才可以把烧鸡煮熟，捞出凉透，表面涂上一层芝麻香油，即可装袋出售。

（6）包装保存。如果使用塑料袋包装销售的话，在10℃以下可以保存7~10天。如果使用真空包装杀菌处理，可保存6个月。

(7) 老汤保养。100只鸡用老汤，加食盐2~2.5千克，凉水5千克，加热，滤净保养。

3. 主要质量指标

(1) 感官指标。枣红色或橘红色。熟而不烂，咸淡适中，肉质鲜嫩，皮香质软，香浓味鲜，造型美观，表皮完整。

(2) 微生物指标。大肠菌群≤100个/100克，细菌总数（销售）≤50 000个/克，致病菌不得检出。

4. 主要设备

煺毛机、电热油炸锅、双层卤锅、宰杀刀具、真空包装机等。

二、烤鸭

1. 工艺流程

选料→宰杀、整理→烫皮→上色→灌汤→烤制→成品。

2. 操作要点

(1) 选料。选择本地养殖的健康鸭子作为原料，质量为2~2.5千克。

(2) 宰杀、整理。使用常规的方法把鸭的喉部宰杀放血，用63~64℃热水烫毛，翻动1分钟左右，使鸭的羽毛尽快透水，趁热把羽毛煺下来。注意，在去除羽毛的时候不要扯到皮肉。腹部向上在案板上侧放，从右翅腋下开5厘米小口拿出内脏，用清水反复冲洗净膛，然后再放入冷水中浸泡1小时左右放血。

(3) 烫皮。用100℃沸水反复浇淋鸭体2~4次，这样鸭皮缩紧，防止烤制的时间流油。

(4) 上色。使用1份麦芽糖加6份水，熬制成棕红色，趁热浇在鸭体上面，然后悬挂在通风处晾干表皮。

(5) 灌汤。烤制前先使用带节封闭的竹管塞住肛门，然后从开口处向膛内放入葱段、五香粉、料酒、姜片少许，在加入70~80毫升的开水，马上挂炉烤制。

（6）烤制。烤炉温度在 230～250℃，烤制时间为 30～50 分钟，等到鸭皮出现橘红色就可以出炉了。主要在烤制的过程中，要不断地转动鸭体，使它受热均匀，避免烤焦或者起泡。

（7）食用方法。烤鸭出炉后，收集汤汁，拔出肛门中的竹管，加少量食盐、味精、开水、酱油等调料熬煮备用。然后把烤鸭切块，浇上熬好的汤汁就可以吃了。也可削片佐以甜面酱和洋葱，用荷叶饼卷食，风味更佳。

3. 主要质量指标

（1）感官指标。外表橘红发亮，肉质鲜美，外香里嫩，皮脂酥脆，味道醇厚，肥而不腻。

（2）微生物指标。大肠菌群≤100 个/100 克，细菌总数（销售）≤50 000 个/克，致病菌不得检出。

4. 主要设备

煺毛机、远红外线烘烤炉、宰杀刀具等。

第四章 水产品加工

第一节 鱼的加工

一、麻辣鱼片

1. 工艺流程

原料选择与处理→腌制→烘烤→风干发酵→包装→杀菌→成品。

2. 操作要点

(1) 原料的选择与处理。食盐、砂糖、辣椒、八角、花椒、桂皮、料酒、生姜、味精、小茴香，均为市售调料，但要求纯净、干燥、无霉变。原料鱼选用市售鲢鱼。大小无严格要求，重量一般大于0.5千克。鲢鱼要求鲜活，也可以选用刚死不久的鲢鱼，但不能用冰冻的原料鱼。活鱼宰杀后去净鱼鳞、鱼鳃、内脏等，不去鱼鳍，尽量不要破坏鱼头的完整性，去内脏过程中要小心不要弄破苦胆。用少量清水冲洗鱼体，洗净鱼体表面的黏液和血污，然后用干净布擦干。剖割方式视鱼体大小而定，对于个体较小的沿鱼体脊椎骨将其分为两半；如鱼体较大则先沿脊椎分割两半，再从腹部横切一分为二。剖割时注意尽量均匀一致。剖割完后将鱼块在阴凉干燥处放置几个小时以散去鱼体表面残存的水分。

麻辣鱼片的配方为：鲢鱼100千克，食盐10千克，砂糖6千克，辣椒1千克，八角0.8千克，花椒0.8千克，桂皮0.5千

克，料酒适量，生姜 1.8 千克，味精 0.5 千克，小茴香 0.4 千克。

（2）腌料的制备。先将砂糖在粉碎机中粉碎成糖末，再将辣椒、八角、花椒、小茴香等香辛料也粉碎成粉末，生姜切成姜末。然后将粉碎后的砂糖、姜末及各种香辛料均匀混合，加入少许料酒和味精后搅拌备用。

（3）腌制。将制备好的腌料均匀涂抹在鱼肉表面。先擦鱼皮面，后擦鱼肉面，要反复擦、均匀擦以保证擦透。把擦好的鱼肉放在腌制缸中，之前要在缸底薄薄地撒一层食盐再倒入少许料酒，以防止最底的一层鱼发生“红皮”变质现象。鱼肉按次序层层摆放，每摆放一层要在鱼肉表面洒少许料酒。叠放至缸口后加盖密封，封严以保证不让空气进入缸内。腌制温度保持在 5℃左右，腌制时间为 48 小时。

（4）烘烤。取出腌制好的鱼肉，沥干水分，用细绳穿在鱼鳃或鱼尾上，挂在烘箱内烘烤。烘烤温度要保持均匀一致，一般温度保持在 55℃，烘烤时间掌握在 12 小时左右。

（5）风干发酵。把烘好的鱼肉悬挂于阴凉通风处进行风干发酵。鱼肉中的蛋白质和脂肪在食盐作用下进一步分解产生腌腊香味。风干温度在 20℃左右，发酵时间为 1 周左右。

（6）包装与杀菌。发酵完毕后，将鱼肉装进复合薄膜袋封袋包装，进行杀菌操作，有条件最好选用真空包装。包装后的鱼肉置于杀菌锅中，在 121℃条件下杀菌 40 分钟。杀菌完毕后冷却到常温即为成品。

3. 主要质量指标

（1）感官指标。鱼体外形平整，大小均一，无明显凹陷，无油烧现象。鱼肉肉质紧密，咸甜适中，腊香浓郁，软硬适口，有轻微爽口辣味，无酸败，无其他异味。

（2）微生物指标。不含致病微生物，也不含常温下能繁殖的非致病性微生物。

4. 主要设备

粉碎机、腌制缸、烘箱、包装机、杀菌锅等。

二、茄汁白鲢

1. 工艺流程

原料选择与处理→油炸→茄汁配制→装罐→排气密封→杀菌冷却→成品。

2. 操作要点

(1) 原料选择与处理。选用新鲜白鲢，重量在1千克以上。清洗去鳞、去头和内脏，除净血液和黑膜，切成5厘米长的鱼段，在6%的盐水中盐渍10分钟左右（盐水：鱼为1.5：1），浸后沥干鱼块，每30千克鱼拌标准粉350克。

(2) 油炸。170~200℃油炸2分钟，炸至鱼体表面呈金黄色即可。鱼段脱水率为15%~17%。

(3) 茄汁配制。

①茄汁配方：番茄浆66千克（12白利糖度），洋葱油16.5千克，白胡椒粉0.05千克，冰醋酸0.25千克，香料调味液17.3千克。

②香料水配制：月桂叶0.02千克，胡椒0.02千克，洋葱2.5千克，丁香0.04千克，芫荽子0.02千克，水12千克，总量12.5千克。

配制：按规定配料量，将香料同水一起在锅内煮沸，并保持微沸30~60分钟。用开水调整到规定总量，过滤备用。胡椒、月桂叶、丁香、芫荽子，可重复用1次。煮1次后，其渣可代替半量供下次使用。香料水每次配量不宜过多，随配随用，防止积压及与铁制器具接触。

③香料调味液配制：配方为白砂糖5千克，精盐3.3千克，香料水9千克。

熬制：将香料水加热煮沸后加入白砂糖、食盐溶解过滤调

至17.3千克。

④洋葱油熬制：精炼花生油100千克，加热放入洋葱末25千克熬至呈黄褐色，过滤备用。

⑤煎汁配制：番茄浆66千克中加入洋葱油16.5千克，边搅边烧开，再加入香料调味液17.3千克，搅匀煮沸。然后放白胡椒粉0.05千克，边放边搅，以免结块。装罐前加入冰醋酸0.25千克，调整总量为100千克。

（4）装罐。使用全涂料、净重256克铁罐，每罐先加番茄汁65~70克，鱼段195克。

（5）排气密封。热力排气，温度为15℃，排气12分钟。或真空封罐，真空度为350~400毫米汞柱。

（6）杀菌冷却。杀毒公式为10分钟—60分钟—15分钟/118℃。杀菌后，反压冷却至40℃左右。

3. 主要质量指标

（1）感官指标。茄汁橙红色，味酸，具有茄汁风味和香气。鱼皮色泽较鲜明，肉质软硬适度，部位搭配适宜。允许有添秤小鱼肉1块。

（2）理化指标。食盐1.2%~2.2%，锡≤200毫克/千克，铜≤10毫克/千克，铅≤1.0毫克/千克，砷≤1.0毫克/千克，汞≤0.5毫克/千克。

4. 主要设备

油炸锅、夹层锅、封罐机、杀菌锅等。

三、草鱼肉松

1. 工艺流程

原料处理→蒸煮→捣碎→调味→炒制→冷却→装袋→灌气、封口→保温→检验→成品。

2. 操作要点

（1）原料处理。把产于无公害养殖基地的新鲜或冷冻良好

的草鱼洗净或解冻，去除鳞、内脏、鱼皮、鱼刺，斩去头尾，剖腹去内脏时应注意不要把鱼胆弄破。洗净鱼腹内腔黑膜及血污，去除血腹肉。

（2）蒸煮。把净鱼肉放入盆中，每 10 千克鱼肉中加入精盐 80 克、料酒 500 克、生姜 60 克、葱 100 克，然后进行常压蒸煮，时间约为 20 分钟，应达到里外均已熟透，但不过熟为宜。

（3）捣碎。将蒸制的鱼肉趁热拣出鱼刺、姜、葱，然后将鱼肉捣碎备用。

（4）调味。将调味料汤汁倒入捣碎的鱼肉中。

调味料汤汁配料为（以每 10 千克鱼肉计）：桂皮 30 克，八角 100 克，花椒 100 克，陈皮 20 克，生姜 40 克，酱油 500 克，白糖 50 克，精盐 20 克，醋 50 克。

调味料汤汁制作方法：将桂皮、八角、花椒、陈皮、生姜等放入纱布中包好，倒入适量清水。先用大火烧沸，后改用小火，使水微沸，大约 1 小时后，取出料包，加入其他调料，拌匀。

（5）炒制。将锅用色拉油润滑，放在小火上，加入鱼肉，不断翻炒，当鱼肉呈金黄色，发出香味时，加入调味料汤汁。继续翻炒至鱼肉松散、干燥、起松，即可停火出锅。

（6）冷却。采用自然冷却或冷藏冷却使肉松温度降至室温。冷却时要严格控制卫生条件，防止产品受到污染。

（7）装袋。把肉松定量装入食品专用薄膜袋中。

（8）灌气、封口。按照 N_2 : CO_2 = 1 : 3 的比例置换袋内气体。采用包装机进行封口，热封时间约为 8 秒。

3. 主要质量指标

（1）感官指标。色泽金黄或淡黄，纤维松软，绒长粒少，口味鲜美，无杂质，无焦斑，无异味。

（2）理化指标。水分≤20%。

（3）微生物指标。细菌总数≤30 000 个/克，大肠菌群在 40 个/100 克，致病菌不得检出。

4. 主要设备

夹层锅、充气封口机等。

四、香酥鲫鱼

1. 工艺流程

选料与处理→调料配制→锅内码放→焖煮→冷凉出锅→成品。

2. 操作要点

(1) 选料与处理。选用无污染的新鲜小鲫鱼（以长10厘米的小鲫鱼为好)，去掉鳞、鳃，从鳃部顺着鱼腹剖开小口，取出内脏（不要弄破苦胆)，去除腹内黑皮、血污，清水洗净；葱切成长10厘米的小段，姜拍松，切片；醋、料酒和酱油3样液体调料放盆内混合，成为“调料水”。

(2) 调料配制。洗净鲜小鲫鱼2.5千克、猪骨（垫锅底用) 500克、食盐250克、香油300克、酱油300克、醋300克、料酒300克、白糖250克、冰糖末150克、五香粉7.5克、桂皮、丁香、豆蔻、花椒、大料等共15克、姜30克、葱1 500克、糖色50克。

(3) 锅内码放。在锅内先铺一层猪骨，再铺一层姜片，撒上桂皮、丁香、豆蔻、花椒、大料，最后分层码鱼。码第一层鱼时，鱼头朝锅边，鱼尾向锅心，一个一个地码成圆圈，形似菊花，撒上五香粉、食盐；码第二层时，在中间码成一排，遮住小孔，也撒上五香粉、食盐。如此一层一层地码好后，再码上葱段，成菊花形。最后，将白糖、冰糖末撒在葱段之间，均匀地浇上香油、糖色，再加入一部分“调料水”，将锅架在火上。

(4) 焖煮。旺火烧开，盖上一个比锅略小的瓷盘，压住鱼身，移到小火上焖。焖时，汤汁要保持微沸，瓷盘周围也要向外冒汤，如见汤汁减少不上冒时，继续加入余下的“调料水”，

加大火力烧沸，然后改用小火。照此办法，一直把全部“调料水”加完，停火。

(5) 冷凉出锅。焖4~5小时，经过长时间加热和醋的作用，鱼肉鱼骨鱼刺完全变酥，此时拿掉瓷盘，晾上一夜或10多个小时，先取出葱，再慢慢地取鱼。由于鱼肉酥透，极易破碎，所以，取鱼动作要轻要快，干净利索，把鱼分别码入盘中，上面加少许葱末，淋上原汤即成。

3. 主要质量指标

感官指标：肉肥细嫩，刺骨皆酥，味极鲜美。

4. 主要设备

夹层锅、调料盆、刀具等。

第二节　虾的加工

一、盐水虾

菜系：微波炉

做法：煮菜

口味：咸鲜

主料：虾300克

调料：姜5片、蒜3粒、盐1匙、料酒1大匙、胡椒粉少许

盐水虾的做法：

(1) 虾用牙签去泥肠洗净，沥干水分，放入大碗中，加入调味料，搅拌均匀。

(2) 虾取出摆在盘的四周（头朝外，尾朝内），覆上微波薄膜，以强功率蒸3分钟即可。

二、白灼游水虾

菜系：海鲜

做法：拌菜

主料：虾

调料：姜少许、葱少许、料酒适量、干辣椒少许、生抽适量、鸡粉少许、香油适量

白灼游水虾的做法：

（1）锅中放水，加入姜片、葱白和料酒大火烧开后，捞出姜葱，倒入大虾。

（2）用筷子稍微搅拌，三四分钟后，见大虾虾壳变红，肉质将熟之时捞出，沥干水分，上碟。

（3）葱丝、姜丝、辣椒丝放入一个大碗中，放鸡粉，待用。

（4）锅中烧热油，油稍微多一点，油温八成热时，关火，将热油倒入葱姜丝上，然后将生抽和香油加入，拌匀，就做成蘸汁了。

第三节 蟹的加工

我国螃蟹（包括中华绒螯蟹、青蟹、梭子蟹等）年产量已达数万吨，成为水产养殖中的佼佼者。据业内人士介绍，螃蟹除了鲜食外，开展深加工增值也具有广阔的前景。可开发的螃蟹食品系列有蟹黄酱、蟹黄粉、蟹黄汤料、蟹黄味精、蟹肉干、蟹肉速冻食品、菜肴、副食品、食品添加剂、风味佐料等，下面介绍醉蟹、酱蟹、蟹黄、蟹肉的加工方法。

一、醉蟹

将洗净沥干的鲜蟹，揭开脐部用竹签插一小孔，脐内塞椒盐盖好。配制腌制液（千克）：鲜蟹100，白糖10，精盐10，姜汁6，酱油40，花椒0.6，黄酒20。将上述原料混合搅匀后，倒进腌制的陶坛内，以淹没蟹体为度，上面加竹帘和压石使蟹体不露出液面，最后密封坛口，经过3~4天即成口味鲜美的醉制品，可随时采用罐装、盒装、袋装等形式出坛上市。

二、酱蟹

将洗净的鲜蟹置于缸或桶内，装量每件 50~75 千克。用木棍将蟹体捣碎，越碎越好，然后加食盐 35%~40%，伏天则加 45%，拌和要均匀，每天搅拌 1 次，使捣碎的蟹肉沉于缸底，食盐上下拌和，使其受盐均匀。经过 10 天以上腌制成熟。夏天气温高，没有出售还要继续搅拌，至天气凉爽后才停止。腌缸桶不可加盖或暴晒，以保持制品呈红黄色。可采用罐装、盒装、袋装等形式包装上市。

三、蟹黄

将鲜蟹洗净沥水后，用竹签揭开背部甲背，挖取两端壳尖及壳腰内的黄色的膏脂，集中于盆内。然后整块成形，稍压水分，用塑料薄膜袋按规格包装，送入冷冻库速冻即成蟹黄。

四、蟹肉

将蟹体截成两段，挖取体内净肉，集中盆内。同样通过整块压水包装，速冻作为蟹肉。剩下的脚可捣碎制蟹酱。可采用罐装、盒装、袋装等形式包装上市。

第四节 贝的加工

一、魁蚶

魁蚶俗称赤贝、血贝，其壳呈斜卵圆形，壳高 8 厘米、长 9 厘米、宽 8 厘米、重 50~60 克，为大形蚶，故名。魁蚶肉呈橘红或杏黄色，营养丰富，多加工为冻蝴蝶状贝肉。

该产品系由魁蚶斧足加工而成。

(一) 工艺流程

原料→低温保活→洗涤→破壳取肉→取斧足→洗涤→开

片→去脏整形→分选→洗涤→称重→装盘→预冷→速冻→脱盘→包装→成品→冷藏。

（二）工艺操作要点

破壳取肉：将魁蚶用海水冲洗干净后，左手握蚶体腹面，右手执开壳工具，在壳顶两壳之间的韧带和铰合齿处撬开，随后将刀由缝隙插入，紧贴贝壳内壁移动，切断一侧的闭壳肌，然后再切断另一侧闭壳肌，蚶肉即脱落；也可将贝壳一侧壳顶敲碎，将刀从破孔处插入，用上述方法取肉。取肉时要注意防止划伤斧足。

取斧足：一手从斧足基部把住斧足，另一手将外套膜连同鳃、闭壳肌一同撸去，千万不要撕裂斧足。将取出的斧足及时用冰水初洗，除去其黏液及血污。

开片：开片时应按照客户要求进行。日本关东做法：将斧足个放操作案上，一手按定斧足，另一手执刀从其背部进刀切成两开，保留斧足冠部，使其两片既相连，分开后又呈蝴蝶状；日本关西作法：将斧足放于操作台上，一手按住，另一手执刀从斧足侧面进刀，将肉冠切成两开，做成蝴蝶状。无论采用哪种做法都要求执刀平顺，斧足剖中对称，刀口光滑。

去脏、整形：用刀斜向片去两条斧足上的内脏，并切去小整齐的边角及残膜，修整得两片对称，不得带黑脏或红色肉体及贝卵，严禁将贝肉切成三角状。

分级：将整形后的斧足用冰水清洗一次，按只数要求进行分级，同时剔除异色贝、带淤血或脏物贝、异形贝及其他不合格贝。

洗涤：用肉体3%的细盐用手搅拌10秒钟左右，搓洗去贝肉表面黏液，再用冰水冲洗后盛水筛中沥去水分。

称重摆盘：按冻块重量规定称重并让重2%。将贝肉在盘内整齐排列，使皱折部对齐呈一直线，可有重叠，顺摆。26～30以上规格者排两行；小规格者排三行；每块0.25千克者在盘内摆一层；每块0.5千克者在盘内摆两层，底层皱折向上，上层

皱折向下，两层之间衬无毒塑料膜。按要求加规格标签。

速冻：用平板速冻机或在冷库速冻间冻结，温度应在-25℃以下，冻块中心温度达-15℃时终止速冻，速冻时间必须在12小时之内。若暂时不能速冻，需在预冷间或低温穿堂预冷，停置时间不得超过4小时。

脱盘：采用浸式脱盘，用浓度为2%的盐水，水温4℃以下，浸水数秒钟，即行脱盘。因冻块薄，操作要小心，保持冻块完整，防止碰碎。

装袋：按要求用真空包装或无毒塑料袋装，后者要热合封口。

二、扇口

（一）工艺流程

鲜活扇贝→水洗→开壳取肉→去脏及套膜→水洗→沥水→挑选→称重→装盘→速冻→脱盘→包装→成品→冷藏。

（二）工艺要求

开壳取肉：左手执扇贝，使左壳向上，伸出足丝的孔向操作者，右手执刀从足丝孔伸入，紧贴右壳把闭壳肌切断翻转，摘掉右壳用刀挑起外套膜和内脏，并用右手食指捏住，从闭壳肌上撕下，然后将附着在左壳上的闭壳肌切下。这样做法，可使刀口平滑，不会弄破闭壳肌外膜。

水洗：先用2%～3%的食盐凉水初洗，边洗涤边摘除闭壳肌上残存的套膜和内脏残片、黑线，然后用清水冲洗干净。

挑选称重：挑出合格品，每0.5千克让重10克。

装盘速冻：先将贝肉散放在干净无毒塑料布上冷冻20～30分钟，待体表凝固后装盘速冻；或装盘速冻后，在脱盘时将贝柱抖撒。

包装：将贝柱散装在无毒塑料袋中，再将袋装于小纸盒内，最后装入纸箱，每箱重量0.5千克×20袋。

三、贻贝

贻贝俗称海红，是山东省海水养殖的大宗产品，多煮熟晒干成淡菜或采其鲜肉做罐头。近几年贻贝肉冻品数量渐多并畅销市场，主要有以下两种。

1. 冻生鲜肉

在贻贝丰满期采捕上岸，选大个体者（小者做对虾饵料）洗刷掉泥沙，剖出鲜肉，拔掉足丝，小心洗净（不要弄碎贝肉），控水后，计量装盘速冻，脱盘后装袋。也可散冻，搞成规格不等、适销对路的小包装待蔬菜淡季时出售，既保存了鲜贻贝的风味，又便于顾客随意烹调成可口的菜肴。

2. 冻熟鲜肉

将鲜贻贝肉煮熟冷冻或将鲜贻贝蒸煮开壳后取肉，拔除足丝，用蒸煮的原汤洗净后速冻，然后以小包装上市。加工冻熟肉的优点是贻贝蒸煮开壳后取肉方便，另外熟肉在清洗时不易弄碎，购买者解冻后仍可做成各种可口的菜肴，而贝肉仍保持原有风味。

三、蛤贝

蛤贝俗称蛏红，是山东省海水养殖的大宗产品。多煮熟晒干成蛏菜或采其鲜肉做罐头。近几年蛤贝肉冻品数量渐多并畅销市场，主要有以下两种。

1. 冻生鲜肉

在蛤贝丰满期采捕上岸，选大个体者（小者做对虾饵料）洗刷掉泥沙，剖出鲜肉，拔掉足丝，小心洗净（不要弄碎贝肉），控水后，计量装盘速冻，脱盘后装袋。也可散冻，搞成规格不等，适销对路的小包装待顾客选购时出售，既保存了蛤贝的风味，又便于顾客随意烹调成可口的菜肴。

2. 冻熟鲜肉

将鲜蛤贝肉煮熟冷冻或将鲜蛤贝蒸煮开壳后取肉，拔除足丝，用蒸煮的原汤冲洗后速冻，冻后以小包装上市。加工冻熟肉的优点是蛤贝蒸煮开壳后取肉方便，另外熟肉在清洗时不易弄碎，购买者解冻后仍可做成各种可口的菜肴，而贝肉仍保持原有风味。

第二篇　农产品贮藏保鲜

我国是一个农业大国，是世界上最大的产粮国家，其中粮食作物产值占农业产值的70%。粮食安全贮藏是个世界性难题，据联合国粮农组织的调查统计，全世界每年粮食霉变及虫害等损失为粮食产量的8%，不发达国家甚至高达30%。因此粮食安全贮藏与粮食生产放到同等的地位也许并不过分。“民以食为天”，粮食储备受到政府和人民的重视力度越来越大，因为它关系军需、食品、工业原料、备战、救灾等国民经济的各个方面。

粮食贮藏是将粮食从生产者运送给加工者，再将粮食加工产品从加工者运送给消费者的复杂供销流转过程中重复出现的一个中间环节，在整个流通领域中，包括粮食的收获、清理、干燥、装卸、贮藏、加工、运输、销售的全过程，到处都会发生着量与质的变化。

第五章　粮油贮藏保鲜技术

第一节　粮油的储存方法

一、粮食的生理性质

1. 呼吸作用

粮食是活的有机体，其生命活动的表现主要是呼吸作用。

粮食呼吸生理过程，是在活细胞内进行的一种复杂的生物化学反应过程，亦是粮食及油料中糖类等物质在酶的作用下进行氧化还原反应，分解成简单的化合物，生成二氧化碳和水，并释放出能量的过程。有氧呼吸是呼吸作用的主要类型，从维持生理活动看是必需的，但对粮食贮藏则是不利的，贮粮呼吸时所放出的热量，只有小部分用于维持生命活动及合成新物质，大部分则释放到体外（这部分热量被称为呼吸热），因而使粮堆的温度增高。在气温下降的季节里，粮堆的中下层仍保持高温，就是粮食的呼吸作用及其不良导热性所致。粮堆的高温会促使呼吸旺盛，并为虫、霉滋生创造条件，从而加速贮粮品质陈化。

2. 粮食的后熟

在粮食收获以后，在一段时间内继续发育成熟的过程称为后熟。新粮在田间收获时并没有完全成熟，贮藏的最初的一段时间内，种子的胚，也就是将来发育成长为新植株的部位，发育仍在继续，这时粮食的呼吸作用旺盛，由于没有完全成熟，发芽率很低，加工以后品质也不太好，并且也不好保管。新粮经过一段时间，胚发育完全了，呼吸作用也渐渐平稳了，粮食

这时达到了最高的水平，品质也得到了改善，便于贮藏了。粮食后熟期间，因为生理活动旺盛，呼吸作用较强，粮食会释放出大量的水蒸气和热，遇到冷空气后形成水滴凝结在粮粒表面，使粮粒“出汗”，这时如不及时通风降湿降温，就很容易使粮食发热或发霉。为了促进粮食的后熟和提高粮食品质，新粮入库前应当尽量晒干，入库后保持良好的通风条件。

3. 粮食的休眠

休眠指有些具有生命力的种子即使在合适条件下仍处于不能萌发的状态。粮食籽粒在休眠期间活力很低，籽粒内部的生理代谢及各种生化反应处于不活跃状态，因此干物质损耗较低。另外，休眠是一种生命“隐蔽”现象，有助于渡过不良环境期。因此休眠对保持粮食品质和安全贮藏是有利的。影响发芽的因素是温度、氧气和水分，防止发芽的最有效手段是控制水分，发芽是粮食质量严重劣变现象，属于责任事故。

4. 粮食的陈化

粮食在贮藏过程中，随着时间的延长，虽未发热霉变，但由于酶的活性减弱，呼吸降低，原生质胶体结构松弛，物理化学性状改变，生活力减弱，利用品质和食用品质变劣，这种由新到陈的转变过程称为粮食的陈化。影响粮食陈化的因素很多，粮食陈化的趋势是不可逆转的，但可以采取适当的方法有效减缓粮食陈化速度，从而达到尽可能保持粮食食用品质和种用品质的目的。高温、高湿都能够加速粮食陈化。粮堆中氧气浓度下降，二氧化碳浓度上升，能减缓粮食内部营养物质的分解，减缓粮食陈化速度。另外，粮食中的杂质和微生物也是加速粮食陈化的因素。

二、粮食的结露、发热与霉变

1. 粮食的结露

粮堆结露是指由于粮堆与外界存有较大温差造成粮堆内部

湿度增加，在粮粒表面凝结成小水珠的现象。结露形成以后，易在密封的塑料布上形成水雾或小水珠，粮堆发生板结，间或伴有局部发热现象。结露部位多发生在粮堆的顶部、表层下30厘米左右以及阴冷空隙等部位。粮食贮藏中，一旦发生结露将使粮堆局部水分增高，严重的造成发热霉变或生芽，致使粮食品质劣变，给贮粮带来严重不良影响。应当通过消除温差和降低粮食水分的办法避免出现粮食结露。当发现粮面结露后，需采取如下措施：一是根据粮面结露面积轻重，将结露粮进行倒仓、晾晒；二是将结露粮面进行翻倒、翻扬；三是采取扒沟、开塘的办法。若在仓内进行处理时，同时应打开仓房上部轴流风机将湿气排出仓外。若天气允许，用压入式离心风机同时进行，效果会更好。

2. 粮食的发热

在正常情况下，贮藏粮食的温度随着气温和粮食存贮仓温的升降而变化。若上升太快，或该降不降，破坏了粮堆与外界环境之间的热平衡，造成发热现象。贮粮之所以能够发热，必须有某些不正常因素，如仓房条件差，仓外强烈照射，特别是阳光直射，导致粮食发热；仓房上漏下潮或雨水浸湿，引起粮食发热；粮仓各部位温差过大，粮堆结露引起发热；或粮堆水分通过湿热扩散而转移引起粮堆发热；害虫活动猖獗，引起粮食发热；但粮食籽粒呼吸和微生物的生命活动是主要原因，一方面粮食贮藏期间呼吸反应产生大量的呼吸热，另一方面粮食原始水分大，温度适宜微生物大量繁殖，导致粮食发热。

贮粮发热应以预防为主，首先要抓好入库粮食质量，降低水分，减少含杂量；其次要做好隔热防潮工作，改善仓房条件，合理堆装，适时通风密闭；最后要做好粮食发热的预测预报，及早发现问题，及时处理，也是防止贮粮发热导致损失的重要工作。贮粮发热预测除了通过粮食温度、水分的不正常变化这些简单指标以外，还可通过测定贮粮微生物类群的演替进行预测，这一预测手段比通过其他指标预测更为准确，更加及时。

当然，也需要配备相应的设备和受过培训的检测人员。对于发热的处理，应根据发热的原因而采取不同措施。如因粮食潮湿而引起的粮食发热，最根本的措施是要进行干燥处理，如烘干、晾晒或机械通风、降水、降温。因杂质多或害虫活动而引起的粮食发热，应结合干燥进行清理杂质处理。如发热部位害虫集中，应进行熏蒸杀虫。发过热的粮食，一般贮藏稳定性降低，不宜长期贮藏。

3. 粮食的霉变

粮食霉变是贮粮微生物分解粮粒有机质的结果，微生物在粮食上生长繁殖，使粮食发生一系列的生物化学变化，造成粮食品质变劣。

它往往与粮食发热紧密相连，即发热的粮堆如不及时处理，就会进一步恶化以至霉烂变质。因此，霉变大多发生在粮堆最易发热的部位。但是在通风状况良好的情况下，有的粮堆虽已严重霉变，但由于其热量及时散发，却不易觉察有发热现象。粮食霉变是一个连续的发展过程，大体可分为初期变质、生霉和霉烂3个阶段。

三、贮粮装具的准备

选择好贮粮装具是保证粮食安全贮藏的首要任务。无论采用哪种装具，都应具有防潮、防虫、防鼠等功能，且进出粮方便，容量适中，对采用杀虫药剂处理的仓房一定要有较高的气密性。下面介绍几种新型粮食贮藏设备。

1. 金属钢板粮仓

该设备吸收了国内外粮仓的先进技术，与钢筋混凝土筒仓相比，具有以下优点。

(1) 贮粮效果好。钢筋混凝土筒仓在防雨水渗漏方面不能令人满意，粮食极易受潮发霉，而金属钢板粮仓可以很方便地控制温度和湿度，防止粮食变质。

（2）投资少。金属钢板粮仓整体质量只有混凝土筒仓的1/10~1/6，对基础设施要求低。贮存同样容积的粮食，总投资只有混凝土筒仓的50%。

（3）使用方便。金属钢板粮仓配提升机可以自动装粮，因其下部为锥底，有控制开关，故卸粮也非常方便。

（4）使用寿命长。金属钢板粮仓由优质镀锌钢板制成，可连续使用30年以上，当粮仓需要搬迁时，松开螺栓即可。

2. 组合式家用粮仓

组合式家用粮仓被称为粮食“保险柜”，是一种新型的组合式家用粮仓。这种组合式粮仓每套可贮存粮食1 000~1 500千克，体积仅为1.5立方米。具有坚固耐用、存粮方便和组装灵活等特点，并有防火、防雨、防潮、防虫和防鼠等功能。由于是组合式，能够随便移动，既可放置室内，也可露天存放。

贮粮装具在使用前，应先内后外进行清扫，扫去残存的粮食、杂质等，必要时进行空仓杀虫处理，可用布条浸敌敌畏挂在仓内，严格密封装具1周以上。新型科学贮粮示范仓也可进行日光辐射杀虫。经处理后要尽快装粮。

四、对贮藏粮食的前处理

1. 除杂

粮食在入仓前，要尽可能清除粮食中的杂质，通常采用风扬的方法，也可以使用粮食的风选设备，以除去粮食中的害虫、秸秆、瘪粒、杂草种子和沙石等杂质。

2. 干燥

粮食干燥的主要方式有晾晒降水、通风干燥、机械烘干等。

（1）日光暴晒。在装仓前应对粮食进行充分晾晒，可降低粮食的水分，还可以杀灭其中的害虫。应选择在水泥地面的晒场或房顶晾晒粮食，不能在沥青马路上晾晒，这样不仅会影响交通，而且对粮食造成污染。选择晴朗的天气，将粮食均匀薄

摊在晒场上，厚度以不超过 10 厘米为宜，小麦水分降至 12%以下时方可入仓贮藏。晾晒时可用牙咬粮食来估计粮食的含水量。感到费劲、声音清脆响亮，说明水分符合要求；否则，需要继续晾晒。有条件的，最好用便携式快速水分检测仪检测。

（2）就仓干燥。亦称在贮干燥、整仓干燥，是将新收获的粮食存放在配有机械通风系统的仓内，采用自然空气或加热空气作为干燥介质，进行通风降水的一种低温干燥方式。一般选择气温在 15～25℃，相对湿度 70%以下进行，当湿度高于 70%时，可采用辅助加热的方式降低相对湿度，升温一般在 5℃以内。这种干燥方法的优点是能较好地保持粮食品质，粮食损耗少，干燥完成后可直接在仓内贮藏，设备投资少，干燥成本低。干燥时容易产生水分分层，国外堆高一般不超过 4 米，我国通过在仓内布置立管通风系统，以立管的移动带动干燥层的移动以减轻水分分层，从而实现了该技术在高大粮堆中应用。就仓干燥时，早稻谷水分不超过 16%（亚热带不超过 15%），晚稻谷不超过 18%，玉米不超过 20%（亚热带不超过 16%），小麦不超过 16%。

（3）机械干燥。这是一种利用机械烘干设备将各种形式的能转换成热能，被物料吸收，使物料部分水分汽化，被干燥介质带走，从而降低物料水分的方法。粮食机械干燥根据能量传递的形式分为对流干燥、传导干燥、辐射干燥及由这几种组合的联合干燥。机械干燥相对于通风干燥设备一次性投资较大，干燥成本较高，但干燥速度较快，对环境的依赖性低。机械干燥时，应选择适宜的干燥温度，以保持粮食的品质。

贮藏粮食的场所要注意环境卫生，室内物品要摆放整齐，特别是装具周围和底部不能堆放杂物，不能有撒落的粮食和其他食物，以防外部害虫的感染和老鼠的侵害。

五、粮食的入仓贮藏

粮食经清理晾晒，待粮温降至与气温相近后就可以入仓了。

粮食装入贮粮装具后，封好进出粮口，做好防虫、防潮、防鼠及日常的粮情检查工作。

六、粮食贮藏期间的管理

1. 日常的粮情检查工作

日常检查工作十分必要，因为在检查中可以及时发现问题，及时处理，以保证贮粮的安全。在夏季高温季节，每周应检查1次，其他季节可以适当延长检查的间隔时间。检查粮情时，首先检查粮食的色泽、气味是否正常，抓起粮食看看散落性是否良好，有无结块、霉变现象。将手插入粮堆，如果感觉特别凉爽，说明粮温正常；如果感觉潮热，说明粮食已经发热，应当立即采取措施处理。检查粮温也可以使用温度计，如果粮堆内的温度明显高于环境温度，表明粮温已不正常。可以用牙咬的方法检查粮食的水分，有条件的可以使用粮食水分检测仪，检测粮食的水分是否较入仓时的水分高。观察粮仓外部和表面有无害虫活动的迹象，最好是从粮堆不同部位取样过筛，检查粮食是否感染害虫。

2. 异常粮情的处理

如果检查粮情时，发现粮食有色泽、气味异常，水分升高、结块，有异味等异常情况，应立即将粮食出仓，摊晾在晒场上进行降温、降水处理，待粮情正常后再入仓贮存。

3. 害虫的防治措施

如果粮食发生了虫害，应当及时采取杀虫措施，以免造成更大的损失。夏季高温季节可采用日晒杀虫。选择一个晴朗无风的天气，9时后，将生虫的粮食薄摊在晒场上进行辐晒，粮食厚度不超过10厘米，15时后可将粮食收拢，然后热闷1~2小时再入仓。如果天气允许，可连续辐晒2~3天，但晚上应将粮食盖好，以免受潮。

4. 鼠害的防治

鼠害应以预防为主。存放粮食的地基、墙壁、墙面、门窗、房顶和管道等，都应做防鼠处理，所有的缝隙不能超过 1 厘米。房间内要保持整洁，各种用具杂物要收拾整齐，贮粮装具周围洒落的粮食要清理干净，衣柜、衣箱以及书籍、鞋帽等要经常检查，不使老鼠做窝。当老鼠大量发生时，可采用鼠药灭鼠的方法。选择国家允许使用的慢性鼠药，不仅药效好，而且对人畜安全；严禁使用急性鼠药灭鼠。灭鼠药应配成毒饵使用，有市售的毒饵可直接购买使用；也可根据具体情况自行配制。毒饵既要放置在老鼠容易出现和取食的地方，又要尽量避开小孩和禽畜，一般可投在墙角、家具下边等比较隐蔽之处。如有可能，最好准备投毒容器。每个投饵点，应视鼠害密度确定投药量，一般为 50~200 克。毒饵处理结束后，要收集剩余的毒饵和鼠尸，深埋或烧掉。老鼠不多的地方可以采用鼠夹、鼠笼等捕鼠器械灭鼠。或者通过养殖家猫来捕鼠。粘鼠胶也是一种有效的捕鼠工具，特别是对小家鼠效果很好。目前市场上销售的粘鼠胶产品，可直接买来使用。将它放在鼠洞口、鼠道上即可粘住小家鼠。

第二节　主要粮食贮藏保鲜技术

一、稻谷贮藏

稻谷的贮藏具有以下 4 个特点。

1. 稻谷的颖壳较坚硬，对籽粒起保护作用

稻谷的颖壳能在一定程度上抵抗虫害及外界温、湿度的影响，因此，稻谷比一般成品粮好保管。但是稻谷易生芽，不耐高温，需要特别注意。

2. 大多数稻谷（如籼稻）无后熟期

在收获时就已生理成熟，具有发芽能力。同时稻谷萌芽所需的吸水量低。因此，稻谷在收获时，如连遇阴雨未能及时收割、脱粒、整晒，那么稻谷在田间、场地就会发芽。保管中的稻谷，如果结露、返潮或漏雨时，也容易生芽。稻谷脱粒、整晒不及时，连草堆垛，容易沤黄。生芽和沤黄的稻谷，品质和保管稳定性都大为降低。

3. 稻谷不耐高温

过夏的稻谷容易陈化，烈日下暴晒的稻谷，或暴晒后骤然遇冷的稻谷，容易出现"爆腰"现象。

保管稻谷的原则是"干燥、低温、密闭"。按照这个原则保管稻谷，能够实现安全贮藏，较长期地保持稻谷品质和新鲜度。

4. 常规贮藏

常规贮藏是指基层粮库普遍广泛采用的一般的保管稻谷的方法。这种方法是在稻谷入库到出库的整个贮藏期间内采取6项主要措施来实施的。这6项主要措施是控制水分、清除杂质、分级贮藏、通风降温、防治害虫和密闭粮堆。

（1）控制水分。稻谷的安全水分是安全贮藏的关键，各种稻谷在不同温度下的安全水分见下表，一般早、中籼稻收获期正是高温季节，收获后易干燥，入库水分低，能达到或低于安全

表 各种稻谷在不同温度下的安全水分

稻谷温度（℃）	粳稻（%）		籼稻（%）	
	早粳稻	中、晚粳稻	早籼稻	中、晚籼稻
5	17以下	18以下	16以下	15.6左右
10	16左右	16.5左右	15左右	15.5左右
20	15左右	16左右	14左右	14.5左右
30	14以下	15以下	13以下	13.5以下
35	13.5以下	14.0以下	12.5以下	13.0以下

水分。但晚粳稻收获时是低温季节，不易及时干燥，入库原始水分大，应及时进行干燥处理，有烘干设备的应在春暖前处理完毕，没有烘干设备的，应利用冬、春季节的有利时机进行暴晒，将水分降到安全水分以内。

（2）消除杂质。稻谷中含有的有机杂质含水量高、吸湿性强、载菌多，呼吸强度大，特别是进仓时由于自动分级现象而易形成杂质区，糠灰等杂质使粮堆孔隙度减小，湿热积聚堆内不易散发，这些都是贮藏的不安全因素。因此，入仓前进行风扬或过筛，把杂质降低到0.5%左右可大大提高贮藏稳定性。

（3）分级贮藏。入库的稻谷要做到分级贮藏，即要按品种、好次、新陈、干湿、有虫无虫分开堆放，分仓贮藏。

同一品种的稻谷，它的质量并不是完全一致的。入库时要坚持做到不同品种、不同等级的稻谷分开堆放，也就是说，出糙率高、杂质少、籽粒饱满的稻谷要与出糙率低、杂质多、籽粒不饱满的稻谷分开堆放。

上年收获的稻谷，由于贮存了一年，已开始陈化，它的种用价值与食用价值往往会随之发生一些变化；而当年收获的稻谷，由于未经贮藏或只经过短期贮藏，通常尚未陈化，故它的种用价值与食用价值良好。因此，入库时要把新粮与陈粮严格分开堆放，防止混杂，以利商品对路供应并确保稻谷安全贮藏。

入库时要严格按照稻谷水分高低（干湿程度）分开堆放，保持同一堆内各部位稻谷的水分差异不大，以避免堆内发生因水分扩散转移而引起的结露、霉变现象。

入库时，有的稻谷有虫，有的无虫。这两种稻谷如果混杂在一仓，就会相互感染扩大虫粮数量，增加药剂消耗和费用开支。因此，入库时要将有虫的稻谷与无虫的稻谷分开贮藏。

（4）通风降温。秋凉以后及时通风降温，缩小分层温差，是防止稻堆上层结露，中下层发热的有效方法。特别是早稻入库粮温高，为了及时解决这一矛盾，入库后就应及时通风，降低粮温，要求使粮温接近气温水平。秋凉后抓紧有利气候条件，

将粮温迅速降至15℃以下。

根据经验，采用离心式通风机、通风地槽、通风竹笼与存气箱等通风设施在9—10月、11—12月和1—2月分3个阶段，利用夜间冷凉的空气，间歇性地进行机械通风，可以使粮温从33~35℃，分阶段依次降低到25℃左右、15℃左右和10℃以下，从而能有效地防止稻谷发热、结露、霉变、生芽，确保安全贮藏。

(5) 防治害虫。稻谷入库后，特别是早、中稻入库后，容易感染贮粮害虫，遭受害虫严重为害，造成较大的损失。因此，稻谷入库后要及时采取有效措施全面防治害虫。通常多采用防护剂或熏蒸剂进行防治，以预防害虫感染，杜绝害虫为害或使其为害程度降低到最低限度，从而避免稻谷遭受损失。

(6) 密闭粮堆。完成通风降温与防治害虫工作后，在冬末春初气温回升以前粮温最低时，要采取行之有效的办法压盖粮面密闭贮藏，以保持稻谷堆处于低温（15℃）或准低温（20℃）的状态，减少虫霉为害，保持品质，确保安全贮藏。常用密闭粮堆的方法有3种。

①全仓密闭：将仓房门窗与通风道口全部关闭并用塑料薄膜严格密封门窗与通风道口的缝隙。

②塑料薄膜盖顶密闭：将已热合粘接成整块的无缝无洞的塑料薄膜覆盖在已扒平的粮堆表面，再将塑料薄膜四周嵌入仓房墙壁上的塑料槽、木槽或水泥槽内，然后在槽内压入橡胶管或灌满蜡液，使其严格密闭。

③草木灰或干河沙压盖密闭：这种方法一般只适宜在农村小型粮库采用。先在稻谷堆上全面覆盖一层细布，塑料薄膜或一面糊了报纸的篾席，再用较宽的黏胶带将上述覆盖材料与四周仓壁紧密相连，然后在覆盖物上全面均匀地压盖一层10~12厘米厚已冷凉干燥的草木灰或5~6厘米厚的干河沙，并坚持做到压盖得平、紧、密、实，以确保效果，实现安全贮藏。

5. 低温贮藏

稻谷低温贮藏可以减少虫害，少用或不用化学药剂，延缓稻谷品质下降，通常稻谷水分在16%以下，贮藏温度在0~15℃的条件下为好。取得低温的方法应根据各地条件采用自然低温或机械制冷。

在北方地区可以利用秋末初冬季低温将粮温降到0~10℃，冷冻降温后，入库密闭贮藏，可有效地保持低温。密闭的方法因仓而异，若仓房隔热性能好，可采用全仓密闭。仓房隔热性能差的可用包打围的方法，利用稻谷的不良导热性特点，粮堆越高大，越能保持有利的低温。如果仓房密闭条件差，则可采用粮面压盖办法，粮面压盖要做到紧、密、实，以利于隔热、隔湿并防止空隙处结露。

6. 气调贮藏

采用人工气调贮藏能有效地延缓稻谷陈化，解决稻谷后熟期短、呼吸强度小、难以自然缺氧的困难。目前，国内外应用较广泛的是充二氧化碳和充氮气调贮藏。贮藏过程中采用全仓密闭或塑料薄膜盖顶密闭的方法，利用充入的二氧化碳和氮稀释贮藏仓内的氧达到抑制微生物、虫害生长和粮食呼吸强度的作用。

7. “双低”贮藏

“双低”是指低氧、低剂量药剂贮藏，需要密封条件。一般是在粮食入库后，先密封粮堆进行自然缺氧，当氧气降到不能再降而又未达到杀虫效果时，再施低剂量的磷化铝片，用药量为每立方米1~1.5克，采用布袋埋藏法施药。磷化铝片剂埋入粮堆，施用剂量比常规熏蒸减少80%~90%。“双低”贮藏对抑制稻谷呼吸强度，防治虫霉为害，保持稻谷的色泽与香味，延缓稻谷陈化有较显著的效果，也是保证高水分稻谷过夏的较好办法。在“双低”贮藏的基础上，创造低温的环境进行贮藏即为“三低”贮藏。

二、小麦贮藏

小麦的贮藏有以下几个特点。

1. 后熟作用强

小麦的后熟期比较明显，新收获的小麦，需要经过几周甚至2~3个月才能完成后熟期。小麦的后熟作用，主要表现为呼吸能力强。新麦入库后，由于生理代谢旺盛，常易导致粮堆发汗、升温，如不及时检查发现和采取措施，就会造成粮面结露霉烂。

2. 耐热性能高

小麦有较高的耐热性能，其蛋白质和呼吸酶具有较高的抗热性，小麦经过一定的高温，不仅不会丧失生命力，而且能改善品质。利用小麦耐热性的特点，采取热密闭入库保藏，可以杀虫、防霉。

3. 吸湿性强

小麦的种皮薄，含有大量的亲水物质，容易吸收空气中的水分，在相同的相对湿度中，小麦的平衡水分始终高于稻谷。小麦的吸湿性能又因品种不同而异，红皮小麦皮层较厚，吸湿较慢；白皮小麦皮层较薄，吸湿性较强；软质小麦吸湿能力强于硬质小麦。

4. 呼吸强度弱

通过后熟期的小麦呼吸作用微弱，比其他禾谷类粮食都低，红皮麦比白皮麦的呼吸强度更低。因此，小麦有较好的耐贮性，正常条件下贮藏2~5年仍能保持良好的品质。

5. 易滋生害虫

由于小麦无外壳保护，皮层较薄，且新麦入库正值高温季节，适合害虫繁殖为害。为害小麦的害虫主要是玉米象、麦蛾、印度谷螟、大谷盗等。

6. 热密闭贮藏法

热密闭贮藏小麦，可以防虫、防霉，促进小麦的后熟作用，提高发芽率。操作方法：利用夏季高温暴晒小麦，注意掌握迟出早收、薄摊勤翻的原则，在麦温达到42℃以上，最好是50~52℃，保持2小时，于15时前后聚堆，趁热迅速入库堆放，平整粮面后，用晒热的席子、草帘等覆盖粮面，密闭门窗保温。要做好热密闭贮藏工作，其一应严格控制水分，由于小麦吸湿性能力强，进行暴晒使小麦水分控制在12.5%以下，再行入库。其二要求有足够的温度和密闭时间，入库后粮温在46℃左右，密闭7~10℃粮温在40℃左右，则需密闭2~3周。此后，粮温逐渐下降与仓温平衡，转入正常密闭贮藏。热入仓密闭贮藏所使用的仓房、器材、用具等均须事先杀虫，并做到“三热”，即做到粮热、仓热与压盖材料都热，以免产生过大的温差，引起小麦结露、霉变。

热密闭贮藏只适用于处理小宗新收获的商品小麦。对于种用小麦，一般热入仓密闭6~7天，就要揭开覆盖材料进行通风散热，转入常规保管，以免影响种子的发芽热和发芽率。

7. 低温密闭贮藏法

低温密闭贮藏是小麦安全贮藏的基本途径。小麦虽耐温性强，但在高温下持续贮藏，会降低其品质。而低温贮藏，则可保持品质及发芽率。至今仍为我国产麦地区常用的安全贮藏小麦的有效措施。

冷密闭贮藏使小麦较长时间处于低温（15℃）和准低温（20℃）状态，能够抑制虫、霉生长繁殖，避免虫蚀、霉烂损失，保持小麦粮情变化稳定、品质正常，并能延长种子的寿命，是安全贮藏小麦十分有效的技术措施。冷密闭贮藏的操作方法有两种。

（1）在冬季寒冷的晴天，将小麦搬出仓外摊开冷冻（白天摊开，夜间翻动两三次，使小麦冷透，3时开始入仓，黎明

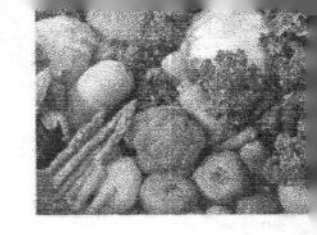

前入仓完毕）或利用皮带输送机将小麦从甲仓转入乙仓，并与溜筛结合进行除杂降温，使麦温降至0℃左右或5℃以下，然后趁冷入仓用草苫、沙包、糠灰包、膨胀珍珠岩包或聚苯乙烯泡沫塑料等物覆盖粮面，并关闭仓房门窗进行隔热保冷密闭贮藏。

（2）在冬季寒冷的晴天，借助通风机、通风地槽或通风竹笼等设施进行机械通风，利用自然低温使麦温降低到5℃以下，然后采用上述方法隔热保冷密闭贮藏。

采用冷密闭贮藏的方法保管小麦时，必须注意以下几个事项。

①采用冷密闭贮藏以前，要认真改善仓贮条件，重点是改造仓顶，通常要采用聚苯乙烯泡沫塑料板或膨胀珍珠岩等材料在仓顶安装隔热的顶棚，以提高仓房隔热保温的性能。

②小麦冷冻后趁冷入仓时要做到“三冷”，即粮冷、仓冷、覆盖物冷，采用塑料薄膜密封粮面时还要在塑料薄膜下面铺垫一层麻袋，以免产生过大的温差引起结露、霉变。

③在已冷冻的小麦堆上覆盖草苫、沙包、糠灰包、膨胀珍珠岩包或聚苯乙烯泡沫塑料板时，要压盖紧密、不留缝隙并保持有足够的厚度，特别在靠近门窗与麦堆的外围更要认真做好这项工作，以免麦温上升，降低冷密闭贮藏的效果。

④对小麦质量要有一定的要求，一般应选择水分低、杂质少、无虫无霉的小麦进行。对高水分小麦，最好降低水分后再进行，否则就要严格控制低温的程度，以免影响小麦的发芽势和发芽率。

⑤在贮藏期间要坚持进行粮情检查，一旦发现有不正常变化时，要立即采取针对性的措施予以处理，以确保小麦安全贮藏。检查工作宜在早晚气温低时进行，以免高温时热空气侵入仓内，影响麦温上升，降低冷密闭贮藏的效果。

⑥冷密闭贮藏的麦堆，在气温转暖以前，要把仓房门窗严格密封，防止仓外热空气进入仓内，引起麦温上升。因此，在

进入盛夏以后，当仓温不断上升时，要在晴天夜间气温低时打开仓顶上部的排风扇（或通风机）或打开仓房门窗做短时间通风换气（次日5—6时再关闭门窗进行密闭），以散发仓顶和仓内天花板间因受辐射热作用而聚集的积热，降低仓顶和仓内天花板之间的温度，防止麦温上升，以确保冷密闭贮藏的效果。

8. 自然缺氧贮藏

目前国内外使用最广泛的方法还是自然缺氧贮藏。小麦入缸后封严缸口，使缸内的氧气随着小麦和害虫及微生物的呼吸逐渐减少，5~10天便能使氧气浓度降至2%~5%，二氧化碳浓度增加至40%~50%。保持一定时间可使害虫窒息死亡。但应注意，小麦水分应控制在标准之内（<12. 5%），平均粮温30℃以上。对于新入库的小麦，由于后熟作用的影响，小麦生理活动旺盛，呼吸强度大，极有利于粮堆自然降氧。如果是隔年陈麦，其后熟作用早已完成，而且进入深休眠状态，呼吸强度很弱，不宜进行自然缺氧，这时可采取微生物辅助降氧或向麦堆中充二氧化碳、氮气等方法而达到气调的要求。

9. “双低”“三低”贮藏

采用低氧贮藏、低药熏蒸和低温贮藏三项贮藏技术综合用于保管小麦。具体方法参见稻谷贮藏。

三、玉米贮藏

玉米的贮藏特点如下。

1. 玉米原始水分大，成熟度不均匀

玉米主要产区在我国北方，收获时天气已冷，加之玉米果穗处有苞叶，在植株上得不到充分的日晒干燥，所以玉米的原始水分一般较高。新收获的玉米水分在华北地区一般为15%~20%，在东北和内蒙古地区一般为20%~30%。玉米的成熟度往往不是很均匀，这是由于同一果穗的顶部与基部授粉时间不同，

致使顶部籽粒成熟度不够。成熟度不均匀的玉米，不利于安全贮藏。

2. 玉米的胚大，呼吸旺盛

玉米的胚几乎占玉米籽粒总体积的 1/3，占籽粒重量的 10%~12%。玉米的胚含有 30%以上的蛋白质和较多的可溶性糖，所以吸湿性强，呼吸旺盛。据试验，正常玉米的呼吸强度要比正常小麦的呼吸强度大 8~11 倍。玉米吸收和散发水分主要通过胚部进行。

3. 玉米胚部含脂肪多，容易酸败

玉米胚部含有整粒中 77%~89%的脂肪，所以胚部的脂肪酸值始终高于胚乳，酸败也首先从胚部开始。

4. 玉米胚部的带菌量大，容易霉变

玉米胚部营养丰富，微生物附着量较多。据测定，玉米经过一段贮藏后，其带菌量比其他禾谷类粮食高得多。玉米胚部是虫、霉首先为害的部位，胚部吸湿后，在适宜的温度下，霉菌即大量繁殖，开始霉变。

5. 干燥的玉米粒可放入仓内散存或囤存

堆高以 2~3 米为宜。一般玉米水分在 13%以下，粮温不超过 30℃，可以安全过夏。如果用仓库贮藏新玉米粒，可在入仓 1 个月左右或秋冬交季时，进行通风翻倒，以散发湿热，防止出汗。对已经干燥，水分降低到 14%以下的玉米粒，可在冬季进行低温冷冻处理即低温冷冻密闭，其做法是利用冬季寒冷干燥的天气，摊晾降温，粮温可降到-10℃以下，然后过筛清霜、清杂，趁低温晴天入仓密闭贮藏，并做好压盖密闭工作，以利安全过夏。

6. 果穗贮藏

玉米果穗贮藏方法简便、效果良好，很早就为我国农民广泛采用。由于果穗堆内孔隙度大（可达 51. 7%），通风条件好，

又值低温季节，因此，尽管高水分玉米果穗呼吸强度仍然很大，也能保持热能代谢平衡，堆温变化较小。在冬春季节长期通风条件下，玉米得以逐步干燥。当水分降到14.5%~15%时，即可脱粒转入粒藏。另外，新收获的玉米可在穗轴上继续进行后熟，使淀粉含量增加，可溶性糖分减少，品质得到改善。

穗藏法有挂藏和堆藏两种方法。挂藏是将玉米苞叶编成辫，用绳逐个连接起来，挂在通风良好且能避雨的地方贮藏。堆藏是在露天场地上用秫秸编成圆形或方形的通风仓，将去掉苞叶的玉米穗堆在仓内越冬，第二年再脱粒入仓。通风仓形状分为长方形和圆形两种。长方形容仓离地垫起0.5~1.0米，长度以地形而定，宽不超过2.0米，用玉米秸或高粱秸等制成；圆形的底部垫起0.5米，直径2~4米，高3~4米，用荆条编制品或高粱秸围成。贮藏时应注意，上部盖藏好，防止雨雪入仓，并选择地基干燥而通风的地点。

四、蚕豆贮藏

蚕豆又称胡豆、湖豆、湾豆、罗汉豆、南豆、佛豆、树豆、寒豆、坚豆、川豆或倭豆。它是豆科蚕豆属一年生或二年生草本。按豆粒大小分为小粒种、中粒种和大粒种。按种子颜色分为红色种和白色种两种，其中红色种早熟、茎高；白色种晚熟、品质好。北方地区春播秋收，华南地区冬播春收，江南和西南地区秋播春收。蚕豆以嫩豆粒、嫩豆荚或老熟豆粒供食用。

蚕豆子叶含有丰富的蛋白质和少量脂肪，种皮比较坚韧。蚕豆晒干后在贮藏期中很少有发热生霉现象，更不会发生酸败变质等情况。

正常的蚕豆一般为青绿色或乳白色，如保管不善，其种皮会变色。一般从内脐（合点）和侧面隆起部分先出现，开始呈淡褐色，以后范围逐步扩大由原来的青绿色转变为褐色、深褐色以至红色或黑色。据实际观察，蚕豆在高温季节变色多，低温季节变色少，通常经过一个夏季贮藏，变色粒便会显著增加，

有时变色粒高达40%~50%；水分在11%~12%的一般变色较少，水分在13%以上的变色粒较多；在同一处贮藏，受日光照射的部位比没有受日光照射的部位，其变色粒要多15%以上，粮堆上层变色程度重于其他部位。一般认为这是因为蚕豆皮内含有酚物质和多元酚氧化酶，在高温、高水分条件下，氧化酶的活性加强，促进了氧化反应，加剧了变色过程。

蚕豆虫害主要是豆象，包括蚕豆象和绿豆象。严重时被害率最高可达90%以上。一颗豆粒中往往有数头害虫，蚕豆被吃成多个孔洞，被害的蚕豆发芽率降低，色泽品质变差。

蚕豆的鲜品宜鲜销，干品耐贮藏。鲜销蚕豆运销过程中，用麻袋或筐包装，要避雨、防晒，以免变质。

蚕豆贮藏主要是防治蚕豆象和防止种皮变色。

1. 防治蚕豆象

蚕豆象的成虫在蚕豆开花结荚期时从田间产卵孵化幼虫，到收获入库时，幼虫化蛹和羽化为成虫。因此，要求田间与仓内同时防治。首先在蚕豆开花期，此时正是成虫于田间交尾时期，抓紧田间杀虫以防止产卵；其次在收获以后7月底以前，此时正是幼虫发育和化蛹期，抓紧入库前后杀虫防止成虫羽化。

蚕豆贮藏多采用两种方法杀虫。

（1）开水浸烫法。将蚕豆放箩筐或竹篮里，浸入开水中浸烫25~28秒，边浸、边拌。取出后，放入冷水中冷却，然后取出摊晾干燥，此法杀虫效果可达100%。但要注意：蚕豆的原始水分需在13%以下，浸烫时间掌握在30秒以下，烫后随即冷却晒干，否则会影响发芽力。

（2）药剂熏蒸法。将蚕豆密封在坛瓮里，投入氯化苦（三氯硝基甲烷）或磷化铝片剂，密封72小时可杀死全部害虫。剂量按每立方米蚕豆700千克计算，用氯化苦50~60克或磷化铝3片。

2. 防止种皮变色

影响蚕豆变色的主要因素是光线、温度和水分。防止蚕豆

变色，应做到避光、低温和干燥环境下贮藏。

蚕豆晒干后，利用干沙或谷糠等拌匀，再进行密闭低温贮藏是较好的办法，这种方法使蚕豆相对处在干燥、低温、黑暗和隔离外部空气的条件下，有防止豆粒变色和抑制害虫发生的作用。主要有以下 3 种密闭方法。

（1）夹沙贮藏。先将仓房消毒，仓底用洁净无虫的干稻壳和席子铺垫，取除去石粒的干沙和蚕豆，分别在阳光下暴晒，使温度达到 50℃左右，蚕豆水分降到 12%以下，稍凉后即可入仓。入仓时蚕豆每层装入 20 厘米深度后，即压盖沙子 10 厘米，最后用沙压顶密闭。使用这种方法贮藏豆种，直到播种时也无虫、无霉、无变色。

（2）拌糠壳贮藏。当蚕豆水分晒到 12%以下后，按一筐豆两筐干燥的谷糠或麦壳的比例，将蚕豆与糠壳混匀拌匀，囤底要垫一层谷糠，囤的周围和蚕豆堆表面都应加谷糠一层以防潮隔热，最后在顶上再加盖 30 厘米左右的糠壳密闭贮藏，囤高以 1.5~2 米为宜。

（3）豆糠夹层贮藏。在蚕豆入库时，仓底先平垫 30~40 厘米的干燥谷糠，倒上 10 厘米厚一层晒干的蚕豆，再盖上 3~5 厘米的谷糠，像这样一层谷糠一层蚕豆相间铺平，到适当高度时，最后再在蚕豆上压盖 30 厘米左右谷糠密闭贮藏。

3. 注意事项

（1）贮藏时蚕豆水分需在 12%以下。

（2）贮藏所用谷糠干燥无虫，新鲜清洁，经常检查，发现结露返潮，及时调换；每次检查完毕，照原状覆盖严密。

（3）围囤边沿空隙部分灌注谷糠，杜绝害虫通过。

五、绿豆贮藏

绿豆是粮中珍品，营养丰富，用途广泛，经济价值高。绿豆有脐，种脐的一端有种孔，种孔是外界水分进入种子的通道，所以吸湿性强，易发热霉变和受害虫为害，严重时虫蚀粒可达

80%以上，严重降低食用价值。绿豆易变色，其原因是种皮内含有较多的单宁和多酚氧化酶，在空气、光照、水分、温度条件下易氧化变色。水分越大，温度越高，光照越强，空气接触面越大，变色越严重，品质相对降低。

在绿豆贮藏中为害最大的是绿豆象。绿豆象习惯上被人们称为“豆牛子”，其成虫极为活跃，在交尾10分钟后即可产卵，卵产在绿豆豆粒中，每粒有卵4~5个。每个雌绿豆象可产卵70~80个，会很快将绿豆蛀成空壳，失去发芽力，甚至失去食用价值。因此，安全贮藏绿豆的关键就是灭除绿豆象。灭虫的最佳时间是绿豆收获后的10天内。

1. 高温处理

（1）日光暴晒。夏天地面温度不低于45℃时，将新绿豆薄薄地摊在地面暴晒，每30分钟翻动1次，使其受热均匀并维持3小时以上，趁热密闭贮存。其原理是仓内高温使豆粒呼吸旺盛，释放大量二氧化碳同时消耗大量的氧气，当容器内氧气含量降到2%~4%时，绿豆象幼虫就会因缺氧而窒息死亡。

（2）开水浸烫。准备一锅沸水和一缸凉井水。在竹篮内装入薄薄一层豆粒，然后将豆粒浸入沸水中，快速搅拌30~60秒，立即取出再浸入凉水中冷却，最后放在太阳下晒干。这种方法杀虫比较彻底，而且能够保持豆粒颜色不变，可做加工用。

（3）开水蒸豆。把豆粒均匀摊在蒸笼里，沸水蒸5分钟，取出晾干。由于此法伤害胚芽，故处理后的绿豆不宜留种或生绿豆芽。

（4）炒豆子法。用文火将铁锅烧热，然后把绿豆放入锅内，不断翻动，使绿豆均匀升温到50℃左右（手摸绿豆烫手，但尚能忍耐），炒5~6分钟后，趁热将绿豆倒入干净的坛内，以装满为好，然后封闭贮存。此法既可杀灭虫卵，又不影响食用，更不会出现煮不烂的现象。

2. 低温处理

利用严冬自然低温冻杀幼虫。选择强寒潮过境后的晴冷天

气，将绿豆在水泥场上摊成6~7厘米厚的薄层，每隔3~4小时翻动1次，夜晚架盖高1.5米的棚布，以防霜露浸浴，同时又利于辐射降温。经5昼夜以后，除去冻死虫体及杂质，趁冷入仓，关严门窗，即可达到冻死幼虫的目的。

[生活小常识] 家庭少量绿豆贮藏杀虫可用此法：把绿豆装入布袋后，扎紧袋口，置于电冰箱或冰柜冷冻室，控制温度在-10℃以下，经24小时即可冻死幼虫。

3. 药剂处理

仓库内贮存大量绿豆时，可以利用某些化学药物毒杀绿豆象。常用药品有磷化铝、氯化苦、溴甲烷、二氯乙烷等。

（1）磷化铝处理。首先将绿豆扬净晒干，一律过筛，温度在25℃时，每立方米绿豆用磷化铝2片，在密闭条件下熏蒸3~5天，然后再暴晒2天装入囤内，周围填充麦糠，压紧，密闭严实，半个月左右杀虫率可达到98%~100%，这样既能杀虫、杀卵，又不影响绿豆胚芽活性和食用。注意一定要密封严实，放置干燥处，不要受潮伤热，以免出现缺氧走油。

（2）酒精熏蒸。用50克酒精倒入小杯，将小杯放入绿豆桶中，密封好，1周后酒精挥发完就可杀死绿豆象。

（3）拌植物油法。先将绿豆放入容器中，按油、豆比为1∶100倒入植物油（如豆油、花生油、菜籽油或棉籽油等），然后扎好袋口，反复颠倒，充分拌匀后即可贮存，这样在豆粒表面将形成不透水、气的薄油层，虫卵和幼虫会窒息死亡。此法经济、简单、效果好，无中毒危险。

（4）麦麸米糠覆盖法。绿豆晒干后，于下午太阳光较烈时将豆粒收起，放在密闭的干燥容器内，再用经过同样晒热后干燥的热麦麸或米糠覆盖严实，密闭20天左右。容器内极度干燥的环境，可杀死潜伏在豆粒内的幼虫。

（5）中草药拌和法。桃叶、槐叶、辣蓼、苦楝等中草药内含有某些活性杀虫成分，可任选一种晒干切碎后按1∶100的比例拌入绿豆内贮存。此法不仅防蛀效果好，而且不污染环境，

对人畜无毒。

4. 注意事项

（1）绿豆不可密封贮藏于塑料袋中，因为这种包装材料不透气，绿豆在包装中呼吸会受阻，会抑制其生命活力，影响萌芽。

（2）贮藏期间要注意保持通风，不能与化肥、农药、樟脑丸和机油、柴油、汽油等有害物质混放在一起。

（3）注意作种子用或发豆芽的豆粒不要在水泥地面、铁板和油毡上暴晒，以防使绿豆失去生命力。

（4）灭虫处理后的绿豆，要隔离贮藏，封好仓库，防止外来虫源再度产卵为害。另外，灭虫时绿豆必须晒干。

（5）绿豆的水分应保持在14%以下。含水量过高，呼吸就会很旺盛，消耗的营养物质就会很多，同时还会释放出热量，造成蛋白质变质，尤其是夏季，1~2个月就会全部霉烂，不能食用。

（6）最好在第二年春夏季节利用晴天再翻晒1~2次。

六、菜豆贮藏

菜豆又名芸豆、架豆、四季豆、豆角等。菜豆在我国栽培面积广，东北和西北地区多春播矮生种和蔓生架豆，6—9月采收上市；华北地区春播矮生种和春、秋播蔓生架豆，5—10月采收上市；南方地区以春播为主，4—5月上市。菜豆营养丰富，蛋白质含量高于鸡肉，钙含量是鸡肉的7倍多，铁的含量是鸡肉的4倍，其所含的B族维生素也高于鸡肉。

1. 菜豆选择与采收标准

用于贮藏的菜豆，应选荚果肉厚、纤维少、种子小、锈斑轻、适合秋种的品种，如丰收1号、青岛架豆等。菜豆在花后10~15天，当荚充分长大，呈现出该品种的特点，荚皮脆嫩、无纤维化，荚果肉厚、无筋或少筋，籽粒无明显膨大时，为最

适宜的采收期。采收过早，荚果过嫩，易失水萎蔫，品质下降快；采收过晚，籽粒膨大、纤维增加，荚皮硬、有筋，品质下降，从而失去贮运价值和食用性。菜豆贮藏多在秋季进行，早霜到来之前要及时采收，去除老荚、有病斑、有虫咬和断裂的菜豆，选鲜嫩的豆荚进行贮藏。

2. 预贮处理

菜豆采收后，易失水萎蔫、褪绿呈革质化；因物质转移加快，会使豆粒迅速膨大、老化，老化时豆荚外皮变黄，纤维化程度高，种子长大，豆荚脱水等；果皮易出现褐斑，俗称“锈斑”，影响菜豆的品质，严重时会失去食用价值。因此，菜豆采后要立即装入筐内并放在阴凉处预冷，散去田间热。预冷温度为9℃，时间以24小时为宜，忌暴晒、雨淋。贮运前需进行挑选，将过老、过嫩、有病虫害和机械伤或畸形豆荚、带锈斑豆荚剔出，保留成熟适中、健壮的豆荚装入内衬百乐源物理活性保鲜袋的周转筐内，然后贮藏。

3. 贮藏条件

适宜的贮藏温度是控制菜豆贮藏中锈斑和腐烂的重要前提。菜豆最好保存在凉爽干燥的环境中。菜豆贮藏适宜的温度为(9±1)℃。低于8℃，豆荚容易发生冷害，虽然不同品种间存在一定差异，但一般在0~1℃下超过2天，2~4℃下超过4天，4~7℃下超过12天，都会发生严重的冷害，产生锈斑，有的还会发生水渍状斑点，以致腐烂；但温度高于10℃以上时，又容易老化和腐烂。菜豆贮藏适宜的相对湿度为95%，保持高湿（相对湿度90%~95%）有助于豆荚保鲜和保绿。菜豆对二氧化碳较为敏感，二氧化碳过量积累也是导致锈斑发生的重要因素，1%~2%的二氧化碳对锈斑产生一定的抑制作用，但超过2%浓度就会诱发菜豆锈斑的发生，同时加快细胞质脂膜过氧化的速度，积累大量的自由基和有毒物质，产生酒精味，严重时豆荚呈水渍状。

菜豆呼吸强度较高，贮藏中容易发热和造成二氧化碳伤害，应特别注意菜堆或菜筐内部的通风散热，以免造成老化和锈斑增多。所以，菜豆堆或菜筐中必须设有通气孔，在筐内或塑料袋内还可放入适量的消石灰，以吸收二氧化碳。

4. 贮藏方法

菜豆的贮藏方法主要有以下 6 种。

（1）水窖贮藏。先在贮藏架上铺一层苇席，四周再用苇席围起，将菜豆摆放在里面。菜豆的堆放厚度一般为 30~40 厘米，每隔 1~1.2 米竖放一个用苇箔卷成的或竹子编成的通气筒，以利通风散热。菜豆表面应盖湿蒲席，每隔 5~7 天翻动 1 次。

（2）通风窖贮藏。菜豆装入荆条筐或塑料筐中入窖贮藏。为了防止水分散失，可先用塑料薄膜垫在筐底及四周，塑料薄膜应长出筐边，以便装好菜豆能将菜豆盖住。在菜筐四周的塑料薄膜上打 20~30 个直径为 0.5 厘米左右的小孔，小孔的分布要均匀，在菜筐中间放两个竹子编成的直径为 5 厘米的圆柱形通气筒，以利于气体交换，防止二氧化碳过多积累。每筐菜豆约装八成满，通气筒约露出菜豆 3 厘米，筐装好后放在菜架上。

菜豆入窖初期要注意通风，调节窖内温度，使窖温控制在(9±1)℃，一般是夜间通风降温，白天关闭通风口。如菜筐内菜豆的温度高于窖温，应打开塑料薄膜通风散热。每隔 4~5 天对菜豆进行 1 次检查，贮藏 15 天以后就天天查看，发现问题及时处理。

（3）冷库贮藏。将菜豆装筐进行预冷处理，在库温（9±1)℃，相对湿度 95%的条件下进行贮藏，贮藏中要注意通风换气，防止二氧化碳浓度过高而引起菜豆二氧化碳中毒。

（4）气调贮藏。将菜豆 10~15 千克装入垫有蒲席的筐，筐与蒲席事先用 0.1%的漂白粉水刷洗并晾干，然后用 0.1 毫米厚的聚乙烯塑料薄膜套在筐外，薄膜上留有气孔，袋口的一端左右两个角各放 0.25 千克消石灰，并用绳子扎紧。用氮气将氧含量降到 5%，每日用仪器测定袋中氧气和二氧化碳的含量。如果

氧气含量低于2%，需从气孔充入空气使之升到5%；如果二氧化碳含量高于5%，需解开消石灰袋，抖出消石灰，使之进入筐外的底部以吸收多余的二氧化碳，控制筐内的氧气和二氧化碳含量在2%~4%。如库温比较恒定，保持在12~15℃，袋的内壁不出现水汽，菜豆可贮藏30~50天。如果袋内有水汽，菜豆会出现锈斑，但种子并不长大，豆荚也不纤维化。在良好的控温库中，采用塑料袋小包装气调贮藏菜豆，贮藏期长达60天。

（5）无滴膜帐贮藏。以无滴膜制作贮藏帐，帐的大小因贮量而定，一般每帐贮藏200千克为宜，帐内用消过毒的竹竿作支撑。帐面上焊接硅窗调气口，调节帐内湿度，以免湿度太大，引起腐烂。贮藏的容器最好用塑料筐或竹筐，装量距上口8~10厘米，以利气体流通。码筐时，筐与筐之间、筐与帐膜内壁之间都要留有间隙，筐下用饱和高锰酸钾溶液浸泡消毒过的砖或木架支撑。筐与地面的距离一般为5~10厘米，筐下用饱和的高锰酸钾溶液浸泡。每隔4天、检查1次，该法贮藏菜豆，保鲜期一般为20~30天。

（6）速冻贮藏。

①工艺流程：原料选择→切段→清洗→驱虫→漂洗→漂烫→冷却→甩水→冷冻→包装→冷藏。

②原料选择：豆荚要求鲜嫩无筋，色泽鲜绿，无病虫害，无斑疤，无畸形，豆粒无明显膨大，荚条完整，大小适中，整齐一致，无机械伤和锈斑，无腐烂变质，成熟度已达到速冻保藏要求。不宜选用近地面豆荚，因此处豆荚畸形多，品质较粗。最好是采收不久的新鲜豆荚产品。

③切段、驱虫、漂洗：注意切段不要过多，以防止驱虫、漂洗时水浸入豆荚，否则会在冻结时胀裂，影响质量。切段后要立即进入下一步工序，以防发生褐变。豆荚中如有小虫，不易被识别，必须采用盐水驱虫，将豆荚放在2%的盐水中浸10~15毫米。在浸渍过程中，用笊篱翻动2~3次，豆荚中如有虫，就会浮出水面，捞出即完成驱虫。如果加工量大，盐水使用2

小时要更换1次，以保证有效浓度。驱虫完成后，漂洗以洗去盐分，然后将豆荚放在案子上进行复检，检出残留的不合格豆荚及操作过程中折损的豆荚以及外来杂质等。

④漂烫、冷却、甩水或淋水：为了防止速冻保藏过程中发生酶促褐变，在冻结前要用热水进行短时间的漂烫处理，即把清洗后的豆荚放入100℃左右热水中，热烫50~60秒，在热烫中要不断搅拌，使热烫快速均匀。热烫时可添加一定量的氯化钠或氯化钙，防止产品氧化变色。待豆荚变成鲜绿色，无生豆味时，要迅速将豆荚捞出并放入3~5℃冷水中漂洗冷却，以减少热效应对原料品质和营养的破坏并使产品尽快冻结，也可采用冷水喷淋或冷风冷凉等方法进行冷却。切忌漂烫时间过长。

⑤速冻：豆荚在冻结前可捞入竹筐或塑料筐内沥去前处理过程中沾留在原料表面的水分，也可采用震荡机或离心机等设备沥去原料表面的水分，以免冻结过程中原料之间相互粘连或粘连在冻结设备上。然后就可将散体原料立即放入冻结盘或直接铺放在传送带上，送入冻结设备中进行冻结，一般要用-30℃低温在短时间内进行迅速而均匀地冻结。

⑥包装、冷藏：冻结后的产品要用聚乙烯塑料薄膜进行小包装（0.5千克/袋），同时进行装箱。然后放入与冻结温度相接近的低温冷藏库中保存。保藏时要求温度低而稳定。适宜的保藏温度为-21~-18℃，一般安全贮藏期为12℃下15个月。

⑦解冻：速冻菜食用前要经解冻，使其结晶冰融化并恢复鲜态后再烹调，解冻过程要快速，可放在冰箱、室温、冷水或温水中进行，也可直接放入开水中解冻，若用微波炉效果更好。蔬菜组织经冷冻作用在解冻后有较大变化，所以速冻菜一经解冻，应立即烹调，同时烹调时间宜短，更不能再行冻结保藏。

5. 注意事项

（1）贮藏前，最好先经过磷化铝或氯化苦熏蒸等灭虫处理。

（2）大量菜豆贮藏时，最好定时监测温度与含水量，至少每月1次。一旦发现菜豆堆内温度比秋天室外平均温度高出

10℃以上，就应采取通风措施以冷却豆堆，直到温度至少降至4.5℃（短期贮藏）和-3.9℃（长期贮藏）

（3）为减少对菜豆豆粒的机械损伤，搬运操作时菜豆含水量最好控制在16%或者更高一些，并且要求温暖的环境。菜豆传送最好使用带式传送，这是由于带式传送过程中富有弹性，机械损伤少。粮堆高度大时，应该在粮仓中设置减压搁板，以防止豆粒表皮被挤压损伤。

七、豌豆贮藏

豌豆又称青小豆、小寒豆、冷豆、麦豆、丸豆、淮豆、留豆、金豆、冬豆或麻豆。豌豆颗粒小，呈球形，种皮不及蚕豆坚厚，因此在耐藏性方面就远不如蚕豆。豌豆按其用途可分为粮用豌豆、菜用豌豆，按其荚果组织可分为软荚和硬荚两种，软荚以食嫩荚、嫩梢为主，硬荚以食用鲜嫩种子为主。豌豆在我国南北方都有种植，北方地区春播夏收；长江流域冬播春收或秋播春收，上海等地一年可三熟；华南地区夏播，11月至翌年3月采收上市。豌豆在贮藏中经常发生的问题是豌豆象的为害。豌豆象是在豌豆开花结荚期间产卵在嫩荚上。幼虫孵化出来，侵入豆粒中，在豆粒中发育，化蛹，随着豌豆收获带入仓库，最后羽化为成虫，隐匿在仓库隙缝屋檐瓦缝里越冬。到次年豌豆开花期又飞到田间交尾产卵。

1. 采收要求

豌豆采收依利用目的而异，软荚种豌豆贮藏时应在豆仁及嫩荚组织均未发达时采收，供冷冻加工时，最好在豆荚幼嫩，荚内未发生空隙时采收，硬荚豌豆宜在豆仁饱满而幼嫩时采收。总之，作鲜菜用的嫩豆荚宜早采，在开花后12~14天，嫩荚充分长大而柔软，籽粒未充分膨大时为适宜采收期；硬荚种以食籽为主，宜在开花后15~18天，籽粒充分膨大、饱满，荚色由深绿变淡绿、荚面露出网状纤维时采收。采收过迟，豆粒中糖分下降，淀粉增力口，风味差；采收早，虽品质好但产量低。

2. 预冷处理

作为以鲜粒供食的豌豆，应保持豆粒柔嫩鲜甜。但豌豆收获时已是高温季节，采后在高温下豆粒很快失去甜味及嫩度，豆荚老化。采收后应避免日射和风干，尽量放在冷凉处，以防呼吸量增高而品质退化。在贮温高于6℃的情况下，虽仅经24小时，豆粒内的糖分就迅速转化合成淀粉，氨基酸的含量也显著降低，致使籽粒硬化、品质变劣。所以，豌豆采收后必须立即在0℃左右预冷，并在此温度下冷藏。

3. 贮藏条件

作为以鲜粒供食的豌豆，豌豆贮期不宜过长，否则嫩荚组织老化褪绿。豌豆的适宜贮藏温度为0℃，豌豆还极易失水萎蔫，贮藏时需要高湿条件，相对湿度以95%~100%为佳，在低温和高湿条件下可贮藏7~14天。贮藏中可采用聚乙烯薄膜包装。运输中以塑料泡沫箱包装，包装内放入简易蓄冷器，以保证包装内的豌豆有适宜的贮藏温度。如果用冷藏车或冷藏集装箱运输，可用筐做包装，车厢内必须保证适宜的贮藏条件。短途运输使用筐或麻袋包装均可，尽量避免雨淋与日晒。

4. 防治豌豆象

（1）囤套囤密闭贮藏法。具体步骤如下。

①豌豆收获后，趁晴天晒干，使水分降到14%以下。

②趁豌豆经暴晒温度相当高时趁热入囤密闭，再加上豌豆刚收获后，呼吸作用非常旺盛，产生大量热能，使在密闭期间温度继续上升达到50℃以上（如未达到，杀虫效果不可靠），经过一定时间，即可杀死潜伏在豆粒内的豌豆象幼虫。同时由于豌豆象在高温下强烈呼吸作用所产生的大量二氧化碳，也能促使其幼虫窒息死亡。

③入仓前预先在仓底铺一层谷糠（先经过消毒），压实，厚度应在30厘米以上。糠面垫一层席子，席子上围一圆囤，其大小随豌豆数量而定。

④将晒干的豌豆倒进囤内，再在囤的外围做一套囤，内外囤圈的距离应相隔30厘米以上。在两囤的空隙间装满谷糠，最后囤面再覆盖一层席子，席上铺一层谷糠，压实，厚度在30厘米以上，这样豌豆上下和四周都有30厘米厚的谷糠包围着，密闭的时间一般为30~50天，随种温升高程度加以控制。

⑤豌豆密闭后的10天内，需每天检查种温，每隔1天检查虫霉情况，到10天以后，就可每隔3~5天检查1次。豌豆在密闭前后，均需测定发芽率。

此方法除囤边部位有时有很少数害虫未杀死外，其他部位能达到100%的杀虫效果，而且经过这样处理的豌豆不降低发芽率。理化特性也不受影响，但必须抓紧在豌豆收获后尽快进行处理。

（2）开水热烫法。豌豆收获后，趁晴天晒干，使水分降到14%以下。用大锅将水烧开，把晒好的豌豆倒入竹筐里，浸入开水中，速用棍搅拌，经25秒，立即将竹筐提出放入冷水中浸凉，然后摊在垫席上晒干贮藏。处理时要严格掌握开水温度，烫种时间不可过长过短，开水需将全部豌豆浸没，烫时需不断搅拌。

5. 豌豆贮藏保鲜技术

（1）豌豆采后处理。

①整理和清洗：采收后，把豆荚表面的泥土、豆荚间的杂质、畸形荚、残荚、病斑荚以及不合规格的豆荚去掉。以嫩籽粒供食用的则把不饱满籽粒、虫蛀粒、病斑粒，还有杂质等去掉，整理完以后再清洗干净。

②分级：豆荚或豆粒，其个体间的质量、大小、长短、粗细或直径等数量指标差异很大。为了确定商品质量标准，便于确定合理价格，各国都就上述指标划分了等级标准。应根据需要进行分级。

（2）贮藏保鲜技术。

①冷却贮藏法：把洗净的豆粒投入100℃沸水中漂烫2分钟

左右，捞起后立即放入冷水中冷却至室内温度、沥干水分装入塑料袋中，排出袋内空气，把塑料袋放入-25℃速冻库中，充分冻结后，存放在-18℃贮藏库内，可长期存放，以半年至一年为限。

②小包装贮藏法：将豆粒装入0.01毫米厚的聚乙烯塑料袋内，每袋5千克，密封膜口，袋内加消石灰0.5~1千克，贮藏在库内，用0.01毫升/升仲丁胺熏蒸防腐，贮藏温度为8~10℃，每10~14天开袋检查1次，此法可贮藏30天。

八、高粱贮藏

高粱又称木稷、蜀秫、芦粟、荻粱。我国各地均有栽培。秋季采收成熟的果实，晒干除去皮壳用。籽粒中主要养分含量：粗脂肪3%、粗蛋白8%~11%、粗纤维2%~3%、淀粉65%~70%。高粱具有广泛的适应性和较强的抗逆能力，无论平原肥地，还是干旱丘陵、瘠薄山区，均可种植。高粱在我国的产量居于各粮种的第五位，是我国北方的主粮之一。山西省是高粱主要产区之一。高粱不仅可供食用，而且是酿酒、制糖、制作酱油、醋等的重要原料。

高粱果皮呈角质，种皮中含有单宁，有防霉作用，有利于贮藏。北方地区高粱种子收获时天气寒冷，不易干燥，新入库的高粱水分多在16%~25%；同时经常混入杂质，既易吸湿，又易堵塞种堆孔隙，造成通风不良，使粮堆内的湿热不易散失，在保管过程中容易发热霉变。高粱发热霉变的早期，粮粒表面湿润（出汗），颜色变得鲜艳，粮堆内逐渐结块发涩，散落性降低，检查时插粮温计所遇阻力加大。此时应及时进行处理，否则，经4~5天后粮面即生出白色菌丝，并有霉味，再经2~3天就会迅速发热霉变，胚部出现绿色菌落，严重结块，霉味加重，直至米粒变黑，产生严重的霉味和酒味，丧失食用品质。高粱发热霉变的全过程为15天左右，严重时粮温可达50~60℃。

高粱米的特点与大米相似，由于失去皮层保护，很容易受

外界影响，吸湿返潮。高粱米水分过大，可以进行晾晒，最好是风晾降湿，不要在高温下晾晒。因为高粱米在强烈的阳光下暴晒，易引起裂纹和变味，煮饭时米粒破散，严重者能产生哈喇味。高粱米的含糖量一般较高，而脂肪含量也比大米高，因而在高温多雨的季节里极易吸温、脱糠、发热与霉变。

高粱贮藏需要低温、干燥、除杂。针对高粱的贮藏特点，要做好贮藏工作，高粱收获后必须抓紧时机充分暴晒，降低其含水量，同时结合风扬清除杂质。晾晒后的高粱，凉透后方可入仓，不然入仓后易产生发热现象。入库时切实做到好次、干湿分开贮藏。实践证明，只要认真做好干燥、除杂和晒后摊凉工作，再利用冬季自然通风降温，春暖前进行密闭贮藏，一般均可安全度夏。

1. 除杂降水

高粱在收获脱粒后具有水分大、杂质多的特点，因此必须清选除杂，以保证种子的通透性，减少吸湿和虫病。新收获的高粱，在征购中要做到分水分、分等级入仓，对于不符合安全贮藏的高粱必须适时晾晒，使水分降到安全标准以内，如温度为5~10℃，相对安全水分应在17%以下。降低水分，使高粱米保持干燥，这是做好高粱贮藏的关键。

2. 低温密闭

高粱的特性是适于低温贮藏，因此，应充分利用寒冬季节降温后密闭保管，经过干燥除杂、寒冬降温的高粱，一般可安全度夏。高粱能否安全保管的关键是高粱米的水分大小，一定要在原粮未加工前，就把水分降下来。高粱米适于低温密闭保管，水分在13.5%左右，粮温在25℃可以安全度夏。温度低，水分可以适当放宽些，如东北地区采用-10℃低温冷冻办法，高粱水分在14%左右，糠杂较少，趁低温入库一般可以过夏。

新加工出机米，温度高，一般有33~35℃，应摊晾降温后再行贮藏，否则易引起发热与霉变。除去高粱米中的糠和杂质，

对安全贮藏有很大好处。糠、杂多的高粱米易吸湿，妨碍堆内气体交换，且有利于微生物和害虫的繁育。高粱米保管时间过长，会出现黏性降低、食味变劣等现象。因此，要注意“推陈贮新”。

九、谷子贮藏

谷子，即粟，脱壳后即为小米。大地上生长的农作物多种多样，但统称为“五谷”，可见谷在农业中的地位之重。谷子碾出的小米，养育了古老的中华民族。谷子性喜高温，生育适温22~30℃，海拔1 000米以下均适合栽培，属于耐旱稳产作物。我国黄河中上游为主要栽培区，其他地区也有少量栽种。

谷子多种植在干旱地区，籽粒又小，容易干燥，一般水分较低，多为10%~13%，因此人们常认为谷子好保管。谷子的外壳比较坚硬，对虫霉的侵害能起到一定的保护作用。谷子的耐热性较强，虽然在烈日下暴晒，或初期发热，经加工后对米质无大影响。但谷子粮堆孔隙小，湿热不易散发，如果在收获季节遇雨，贮藏时水分较大时，仍然可以出现发热与霉变。谷子如入库时水分含量高或出现返潮现象，经3~4天即会发热，如能及时发现，及时通风晾晒，降低水分，尚可制止发热，否则粮温会继续上升，并逐渐霉变结块成团，完全失去食用价值。

小米含蛋白质9.7%，脂肪1.7%，碳水化合物77%。在每100克小米中，含有胡萝卜素0.12毫克、维生素B_1 0.66毫克、维生素B_2 0.09毫克及烟酸、钙、铁等。小米适宜老人孩子等身体虚弱的人滋补，常吃小米还能降血压，防治消化不良、补血健脑、安眠等功效，还能减轻皱纹、色斑、色素沉积，有美容的作用。

由于小米失去了保护层，籽粒较小，粮堆孔隙度小，杂质多，粮堆内外气体不易交换，并且粮内含糠多，而糠内又含有较多的脂肪，因此易变质，特别是在粮温较高的情况下，容易发热变质。如小米保管不当返潮或温度和水分偏高时，就会发

热霉变。在发热初期粮面湿润，4~5天后颜色显著变浅，失去光法，产生脱糠现象，粮堆内开始结块，个别米粒开始生霉，粮温很快上升。再经3~5天后，米色变深褐色，产生浓霉味，影响食用。

据实践经验，谷子水分在12.5%以下，一般可安全过夏。谷子和其他秋粮一样，入库后正值气温下降季节，要抓住有利时机，进行降温、降水、除杂，趁冷入库，密闭保管等处理。

小米贮藏时应过筛除去糠杂。小米不耐高温，应采用低温密闭法。也可存放在阴凉、干燥、通风较好的地方。小米的安全水分应控制在12%以下。小米水分过大时，不能暴晒，只可在仓内阴干。所以加工小米应将谷子的水分降至安全标准后再加工。贮藏后应加强检查，发现小米有吸湿脱糠、发热等现象时，要及时通风过筛，除糠降温，否则容易造成霉变。

谷子一般不易生虫，但容易遭到蛾类幼虫等为害，发现后可使用磷化铝进行熏蒸杀虫处理，农民或城镇居民家中少量的小米，在容器内放一袋新花椒，即可免受蛾类为害。

第六章　果蔬贮藏保鲜技术

第一节　果品的贮藏保鲜

果品的贮藏就是应用一切可行的手段和技术，抑制采后果品的后熟，延迟果品的衰老速度，降低果品的腐烂率，使果品能保持较长的贮藏期（储运期为采后果实在贮藏环境中保持良好品质所持续的时间）和食用价值。

一、果品的贮藏原理

采收后的果实不能从母株获得养料，新陈代谢中同化作用基本停止，异化分解作用成为主导方面。其中，呼吸作用可作为异化分解作用的标志，它一方面在水果的生命活动中提供能量及多种中间代谢产物，参与体内物质的相互转化过程，并参与调节控制体内酶的作用和抵抗病原微生物的侵害，另一方面又不断地在体内氧化分解有机物，使果实衰老变质。因此，要使果品处于缓慢的、正常的生命活动中，调控呼吸作用就成为贮藏保鲜的关键。而蒸发作用、激素作用、环境因素等又直接或间接地影响呼吸作用的进行。人们可以通过控制各种贮藏条件，利用某些化学方法或物理方法使果实充分发挥其本身的耐储性和抗病性，尽量延缓果实耐储性和抗病性的衰降，以延迟果实的衰老速度，减少其腐烂变质率。

1. 果实的呼吸作用

（1）呼吸作用的类型与呼吸强度。由于储运环境的不同，果实的呼吸作用可分为有氧呼吸和无氧呼吸两类。

果实的有氧呼吸，是指在空气流通、氧气充足的条件下，通过氧化酶的作用，将体内积累的有机物质最终分解为二氧化碳和水，并逐渐释放能量的过程。可用下列反应式表示：

$$C_6H_{12}O_6+6O_2 \longrightarrow 6CO_2+6H_2O+2\ 817J/mol$$

无氧呼吸就是发酵，其过程是葡萄糖被分解成丙酮酸，丙酮酸在无氧条件下继续分解成乙醛和二氧化碳，乙醛又被还原成乙醇的过程。

有氧呼吸前半部与无氧呼吸相同，即葡萄糖分解成丙酮酸。所不同的是丙酮酸在有氧条件下通过三羧酸循环可完全氧化分解成二氧化碳和水。

无氧呼吸不仅消耗果实中的营养，而且还产生大量的乙醛和乙醇，这些物质的积累可产生毒害作用，导致生理病害，不仅使果实品质变劣，而且大大降低储存期限。因此，在储运中要延缓果实衰老速度，就要采取换气措施，以排除过多的二氧化碳和有害气体（如乙醇蒸汽等），把无氧呼吸降到最低限度。

呼吸强度也称呼吸量，是指单位样品重在单位时间内放出二氧化碳或吸收氧气的量。呼吸强度的大小直接影响果实储运期限和质量。呼吸强度越大，消耗的营养物质越多，储运期限就越短，反之亦然。果实中以浆果类呼吸强度最大，核果类次之，仁果类最小。而在同一种果实中，因品种不同，呼吸强度也不同。一般早熟品种比晚熟品种呼吸强度大，因而储运寿命短，储后质量也差。

（2）影响果实呼吸作用的因素。果实采收后的呼吸变化除因种类和成熟度有很大不同外，还受到贮藏环境诸因素的影响。

①温度：在一定范围内，温度每上升 10℃，呼吸强度就增加 1 倍；降低温度，呼吸强度也会减弱。果实呼吸强度越小，物质消耗越慢，贮藏寿命便延长。但也不是温度越低越好，不同品种的果实对低温的适应能力都有一定的限度。在热带、亚热带生长或原产的水果，其最低温度要高些，北方生长的水果可低一些。不同水果适宜的贮藏温度下表。

表 主要水果最适贮藏温度

种类	温度/℃	种类	温度/℃
苹果	0~1	李、杏	0~1
梨	0	枣	0~1
葡萄	0~1	猕猴桃	0
板栗	1~3	山楂	13~15
柑橘	5~7	核桃	0
香蕉	13	杧果	13~15
桃	3~5		

②湿度：湿度对呼吸作用的影响相对较次要。一般而言，干燥可抑制呼吸作用。但因果实种类不同，反应也不一。柑橘类果实，在相对湿度过高时，呼吸作用加强，从而使果皮组织生命活动旺盛，造成水肿果（浮皮果），因此，这类果实在储运前要稍风干。香蕉则不同，在相对湿度为80%以下时便不能进行正常的后熟。

③环境气体成分：在贮藏环境的气体成分中，二氧化碳和由果实释放出的乙烯对果实呼吸作用的影响最大。

一般而言，适当降低贮藏场所中氧气的浓度，增加二氧化碳含量，可抑制果实的呼吸作用，进而延缓果实成熟、衰老的过程。此外，较低的温度和低氧、高二氧化碳，也会抑制果实乙烯的合成，并抑制已有乙烯对果实的催熟作用。

④乙烯是一种植物激素，随着果实的成熟或后熟，果实内即产生并释放出乙烯：由于乙稀具有加强呼吸、促进果实成熟的作用，因此，在延迟果实储运期中就应设法控制和消除乙稀。相反，对某些果实，如柿子、香蕉等进行人工催熟时则要人工施放乙烯，以加速成熟。

⑤机械损伤和化学调节物质的作用：果实在采收、分级、包装、运输和贮藏中如果产生挤压、碰撞、刺扎等损伤时，果实的呼吸作用会加强。这不仅会加速果实的成熟和衰老速度，

缩短储运期，而且果实还易受病原微生物的侵害而腐烂。

2. 果实的蒸腾作用

新鲜果品中水分含量一般为85%~90%，它使生长中的果实具有保持组织呈坚实、鲜嫩状态，防止果品体温升高，促进水分和营养物质吸收的作用。但采收后的水果，吸收水的渠道被切断，果实中被蒸发的水分得不到补充。当水分损失5%时，酶的活动趋于活跃，消耗果内营养物质，降低耐贮藏性，进而使果品出现生理病害，如柑橘枯水、苹果裂果等。

影响果实蒸腾作用的因素主要有以下几个方面。

（1）果实的种类、品种。不同种类、品种的果皮组织厚薄不一，果皮上所具有的角质层、果蜡、皮孔大小也不同，因而具有不同的蒸腾特性。果实中以草莓的水分蒸发最快。

（2）果实的成熟度。随着果实成熟度的提高，蒸腾速度变小，这是因为随果实的成熟，其果皮组织的生长发育逐渐完善，角质层、蜡质层逐渐形成，果实的蒸腾量会变小。但是，有的果实采收后，随着后熟的进展，还有蒸腾速度加快的趋势，如番木瓜和香蕉等。

（3）温度。高温促进蒸腾，低温抑制蒸腾，这是贮藏、运输各环节强调低温的重要原因之一。

（4）湿度。储运环境的相对湿度越大，果实中水分越不易蒸腾，因此，采用泼水、喷雾方式来保持较高的相对湿度可抑制果实的水分蒸腾，以利保鲜。但果堆中凝聚很多水反而不利于储运，这是因为积水极易造成果品的生理病害和被病原微生物感染。

（5）风速与气压。果品因蒸发而使周围空气湿度增高，果实表面也会形成蒸发膜，空气的流动则会不断将这种高湿度空气吹走，从而促进果品的蒸发作用。空气流动速度越快，蒸发作用越强。此外，气压降低，水的沸点降低，蒸发量也会增大。

（6）包装。包装对贮藏、运输中果实水分的蒸发具有十分显著的影响。用瓦楞纸箱包装果实的蒸发量比用木箱和箩筐包

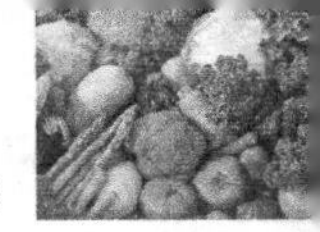

装的小，若在纸箱内衬以塑料薄膜，水分蒸发可大大降低。果实包纸、装塑料薄膜袋、涂蜡、用保鲜剂等，都有防止或降低水分蒸发的作用。

二、果品的贮藏保鲜方式

常见的果实贮藏方式，按贮藏原理大体可分为低温贮藏和气调贮藏两大类，其中低温贮藏包括利用自然冷源贮藏的沟藏、窖藏、通风库储运和人工降温的冷库贮藏等；气调贮藏包括气调冷库贮藏、塑料薄膜封闭贮藏等。按储运设施不同可分为简易贮藏、通风库贮藏、冷库贮藏、气调贮藏和其他贮藏方式。

1. 简易贮藏

（1）简易贮藏。简易贮藏是为调节果品供应期所采用的一类较小规模的贮藏方式，它不能人为地控制储温，而是根据外界温度的变化来调节或维持一定的贮藏温度。这类传统的贮藏方式历史悠久，大多来自民间经验的不断积累和总结。其贮藏场所形式多样，其中以堆藏、沟藏、窖藏颇具代表性。此类方式一般不需要特殊的建筑材料和设备，结构简单，具有利用当地气候条件、因地制宜的特点。由于其贮藏方式主要依靠自然温度的调节作用来维持一定的贮藏环境，故在使用上受到一定程度的限制。尽管如此，由于其简便易行，仍然是目前我国农村普遍采用的主要贮藏方式。

①沟（埋）藏：沟藏是将水果堆放在田间挖的沟或坑内，达到一定的厚度时，用土覆盖。沟藏保温性、保湿性较好。在农村，板栗、核桃、山楂等多用此法保藏。苹果等水果也有采用此法贮藏的。由于沟藏受气温的影响很大，初期高温不易控制，贮藏期不便检查，故在使用上受到一定的限制。此法一般适宜于在较温暖地区的晚秋、冬季及早春贮藏，在寒冷地区只做秋冬时的短期贮藏，而在气温较高的地区则不宜使用。

②窖藏：窖藏方法很多，有棚窖、窑洞、井窖等。多根据当地自然地理条件的特点建造。窖藏既能利用变化缓慢而稳定

的土温，又能利用简单的通风设备来调节窖内的温度和湿度。果品可以随时入窖、出窖，也可较方便、及时地检查贮藏情况。因此，此法在我国南方北方都有较广泛的应用。

③棚窖：棚窖是临时性贮藏所，是在地面挖一长方形窖身，窖顶用木料、秸秆、土壤等做棚盖，根据入土深浅可分为半地下式和地下式两类。较温暖地区或地下水位较高处多用半地下式，一般入土深1~1.5米，地上堆土墙高1~1.5米。较寒冷地区多用地下式，即窖身全部在地下，入土深2.5~3米，仅窖顶露出地面。

④井窖和窑窖：在地下水位低、土质黏重的地区可修建井窖，井窖的窖身深入地下3~4米，再从井窖向四周挖数个窖洞，窖洞顶呈拱形，井筒口围土做盖，四周挖排水沟，有的在井盖处设通风口。窑窖是在土质坚实的山坡或山丘挖窑洞，窖口设门或挂帘。

窖藏在我国农村运用较广。但除棚窖以外的其他窖型一般通风较差，尤其春季土温回升到一定程度时，窖温不能靠通风来降低。

（2）简易贮藏的管理。由于简易储运受外界的影响很大，因此，在管理上应根据各种储运形式的特点和性能，结合各地气候条件，土壤条件，果品种类、品种，储期长短，数量多少，质量好坏等予以适当的管理。

①场地选择：简易贮藏的地点应选在地势平坦、干燥、土质较黏重、地下水位低、排水良好、交通便利处。

②沟、窖的方向：在寒冷地区，可采用南北朝向，以减少冬天的迎风面，使两侧受直射的阳光一致，内部温度较均匀。在冬季不太寒冷的地区，则可采用东西朝向，以增大迎北风面，提高初期的降温效果。在设置荫障或风障时，一般选择东西朝向。

③产品的挑选与入储：简易贮藏的果品，一经入储，多数不易进行检查、挑选，如果与有病、伤、烂的混在一起，则会

相互污染加重损失。所以，入储前必须严格挑选，凡不适合贮藏的病、虫、伤产品都应及时挑出，不得入储。不同的品种，应分门别类，分开储运，而成熟度不一致的，最好也能分开储运。适期入储在简易储运中十分重要。入储过早，由于较高的气温和地温，果品温度难以降下来，易腐烂变质；入储过晚，则果品在田间易受冻害。具体入储时间，应视各地的具体情况，尤其是应根据气候及各类果品的生物学特性来决定。

④温度管理：温度管理的原则是在不受冻害的条件下，迅速达到低温状态，并在整个储运期使这种状态得以稳定地保持。在生产上，这一目的是通过有规律的分层覆盖与通风措施来实现的。

2. 通风库贮藏

通风库是窖藏的发展，主要是在有良好隔热保温性的库房内，设置良好的通风系统，利用昼夜温差，通过导气设备，将库外低温空气导入库内，再将库内的热空气、乙烯等不良气体排出库外，从而保持适宜的储运环境。通风储运库有地下式、半地下式、地上式三种类型。在冬季较温暖地区，则采用半地下式；在温暖地区，采用地下式；在地下水位较高的低洼地区，可采用地上式通风储运库。

（1）通风库的建筑形式。

①小型通风贮藏库：这种库通常以一栋库房为建筑单位，建造时，在库墙的上下部及库顶分别设置通风设备，使空气对流加快，这时储运效果较好。

②二层楼式通风贮藏库：在小型通风库上再建一层库房成二层楼式，可充分利用空间，增加使用面积，又可使下层库顶避免日照，提高保温隔热性能。上层库房一般用来堆放包装容器，或作为临时储运所，果品在下层库房贮藏。

③窑洞式通风贮藏库：这种库房一般建成地下式或半地下式。

（2）通风库的管理。通风库的一般温、湿度管理与土窑洞

类似，库房的消毒可用1%~2%福尔马林或漂白粉喷布，或按每立方米库体5~10克的用量燃烧硫黄熏蒸。也可用臭氧（含量为40毫克/立方米），兼有消毒和除异味作用。进行消毒时可将容器、架杆等一并放在库内，密闭24~48小时，再通风排尽残药。库墙、库顶等用石灰浆加1%~2%硫酸铜刷白。用5毫升/升的仲丁胺熏蒸24~48小时后通风12小时，也有良好的灭菌效果。非一次性的菜筐、果箱等，应及时洗净，再用漂白粉或2%~5%硫酸铜浸渍，晒干备用。

3. 冷库贮藏

冷库贮藏是指机械制冷贮藏。因此，冷库贮藏需要永久性库房、机械制冷装置和绝缘隔热设备。有这些配套设施，用机械设备制冷后，可实现对果实的低温贮藏。根据所储果实的种类和品种的不同，进行温度调控，从而达到长期贮藏的目的。

4. 气调贮藏

气调贮藏就是把果实放在一个相对密闭的环境中，同时调节环境中氧气、二氧化碳和氮气等气体成分的比例，并使这一比例稳定在一定范围内的贮藏方法。主要有以下几种形式。

（1）气调冷藏库。除具有冷藏库的功能外，还有能降氧的氮气发生器、二氧化碳脱除器等设备，并具有较高的气密性，以维持气调库所需的气体浓度。气调结合冷藏，能抑制果品的呼吸强度，延缓生理性和传染性病害，延长储运保鲜期。同时，还能克服常规冷藏难以克服的许多问题。因此，它被认为是当前国内外现代化的贮藏方法。

（2）塑料封闭气调法。塑料封闭气调法是在库内地面挖深、宽各10厘米左右的小沟，扫净地面后，将塑料薄膜帐的帐底平铺地面，再将果筐堆成长方形果垛，将大帐扣在果垛上，大帐的下面与帐底四边用土埋入小沟内，并覆土、压实，以防漏气。

另一种方法是将塑料薄膜制成袋，将果实装入后扎紧袋口即可。塑料袋可直接堆放于冷库或通风库内，也可将袋放入筐

（箱）内，再堆码成垛贮藏。还可将果筐（箱）装入塑料袋内，再扎紧袋口，放入库内贮藏。

5. 其他贮藏方式

（1）减压贮藏。减压贮藏，又叫低压贮藏和真空贮藏。在一些发达国家已经使用，其关键技术是把产品贮藏在密闭的室内，抽出部分空气，使内部气压降到一定程度，并在贮藏期间保持恒定的低压。减压贮藏的原理在于，一方面不断地保持减压条件，稀释氧气浓度，抑制果实内乙烯的生成；另一方面把果实业已释放的乙烯从环境中排除，从而达到贮藏保鲜的目的。

（2）冰温贮藏。冰温贮藏是指调节果实固有的冰点，使其在0℃以下的气温中不受冻害而保持其生命力的一种贮藏方法。日本、俄罗斯等少数几个国家应用该技术储运苹果、梨、葡萄、草莓等获得了良好的效果。冰温贮藏的温度很难控制，方法不当易发生冻害。另外，果品出库前要缓慢升温，如果升温过快，融解的水分不能被细胞原生质及时吸收，易引起失水。所以这种贮藏方法应慎重使用。

（3）保鲜剂的应用。用保鲜剂贮藏果品，已得到了广泛的应用。目前应用的保鲜剂主要有以下几类。

①防腐剂：化学药品有仲丁胺（2-AB）、联苯胺（DP）、二氧化硫（SO_2）等。我国从中药中提取的天然防腐剂，有良好的保鲜效果。如运用从花椒中提取的有效成分处理柑橘，经过3个月贮藏，好果率达97%以上。据报道，良姜、百部、苦糠皮、大蒜、蒲公英等也有这方面的作用。

②生物膜：生物膜具有抑制呼吸和蒸腾，以及防腐的作用。主要有油乳保鲜剂（主要成分：动物油、面粉、杀菌剂）、复卵磷脂保鲜剂（以卵磷脂为主，与2，4-D、钠盐、钙盐、高分子聚合物配制而成）、森柏保鲜剂（主要成分为蔗糖脂肪酸酯、羧甲基纤维素钠、CM保鲜剂等）。

③吸氧剂：主要有铁粉、活性炭等，同时与贮藏品一同密封在一定的环境条件中。

④二氧化碳吸收剂：二氧化碳吸收剂有消石灰［Ca（$OH)_2$］、碳酸钾（K_2CO_3）、活性炭等。

⑤乙烯吸收剂：主要是高锰酸钾（$KMnO_4$），用蛭石、氟石、珍珠岩、砖块等为载体，浸蘸饱和高锰酸钾水溶液，然后将载体放到果品贮藏环境中，利用高锰酸钾来氧化贮藏环境中的乙烯。

⑥植物生长调节剂和干扰素：植物生长调节剂和干扰素种类繁多，有的在果实生长期使用，有的在采后使用，其使用方法和浓度因贮藏目标不同而异。

三、苹果的贮藏保鲜

苹果原产于欧洲、中亚细亚和中国新疆维吾尔自治区，与柑橘、葡萄和香蕉合称世界四大水果。其栽培面积之大、产量之高并能做到周年供应是水果中为数不多的。我国苹果生产主要集中在渤海湾、西北黄土高原和黄河故道三大产区。目前，我国苹果的总贮藏能力约占总产量的25%。其中，主要贮藏的方式是机械冷藏。

（一）贮藏特性

苹果是比较耐贮藏的果品，但因品种不同，贮藏特性差异较大。早熟品种如祝光、辽伏等，因生长期短，干物质积累少，代谢强度大，肉质绵软，保护组织发育不完全，且采收期正值7月、8月的高温季节，耐贮性较差，一般采收后应立即上市或只做短期贮藏。中熟品种如元帅、红星等多在8月下旬到9月上中旬成熟，各方面品质有所改善，其贮藏性有所提高，一般做中、短期贮藏。晚熟品种如国光、富士等生长期长，多于9月下旬到10月采收。

（二）贮藏条件

对于大多数苹果其冷藏温度控制在-1~0℃；对于如红玉等少数易发生冷害的品种贮藏温度可适当提高到2~4℃；冷藏环

境湿度控制在85%~90%；气体成分控制：O_2 为 2%~5%、CO_2 为1%~5%，不同品种、不同地区栽培的苹果在贮藏时对环境条件的要求会有所差异。

（三）技术要点

（1）采收。采收的早晚对苹果的贮藏效果影响很大，采收期要依品种特性、当年气候状况、贮藏期来确定。采收过早，其表现不出本品种品质特性（色泽、风味等）而影响贮藏效果，同时，在贮藏内还容易发生病害，造成损失；采收过晚，会影响其耐贮性和抗病性，从而达不到贮藏目的。

（2）采后处理。采收后应立即按行业标准进行选果、分级、包装，有条件者可在预贮间中进行，无条件者可在采收现场的遮阴棚中进行。同时，根据采收后用途决定是否进行其他采后商品化处理和防腐药剂的使用。

（3）库房的清扫、消毒。入库前要对库房做彻底的清扫；对库房进行消毒处理。常用的方法是硫黄熏蒸法。方法是按照1~1.5千克/100 平方米硫黄用量与锯末混合点燃，产生 SO_2 气体，密闭熏蒸 24~48 小时后，开封通风。同时开启制冷装置，对冷库进行降温处理。

（4）入库码垛。入库时果筐或果箱采用“品”或“井”字形码垛，码垛时要充分利用库房空间，使箱与箱、垛与棚、垛与墙壁、垛与地面、垛与通风口之间按要求留有一定距离，并在码垛时，不同种类、不同品种、等级、产地的苹果要分别码放，垛码放的尽量要牢固，排列整齐，垛与垛之间要留有出入通道。每次入库量不宜太大，一般不超过库容量的 20%，以免影响降温的速度。

（5）贮藏期的温、湿度管理。入贮后库房管理技术人员，就要严格按冷藏条件及相关管理规程进行定时检测库内的温度和湿度，并及时调控。适当地通风，排出不良气体。及时除霜，维持库温的恒定，湿度过低、过高时要进行人工或自动的加湿、排湿处理，来调节贮藏环境中的相对湿度。

(6) 出库。苹果出库前，要做升温处理，以避免苹果上有凝结水，使果皮色泽发暗，硬度下降，加快腐烂。升温处理可在升温室或冷库预贮间内进行，升温速度以每次高于果温的2~4℃为宜，相对湿度75%~80%为好，当果温升到与外界相差4~5℃时即可出库。

四、梨的贮藏保鲜

梨是重要的温带生产的果品之一，在我国栽培的历史悠久，其产量仅次于苹果和柑橘。果实肉嫩多汁，备受人们的喜欢。

(一) 贮藏特性

梨有秋子梨、白梨、沙梨和西洋梨四大系统。一般来说，大多白梨系统的品种耐贮藏，如苹果梨、秦酥、秋白、密梨、红霄等极耐贮藏。秋子梨系统的优良品种，也较耐贮藏，沙梨的耐贮性不及白梨。而西洋梨多数耐贮性较差，在常温下极易后熟衰老。在同一系统中不同品种耐贮性也不同，中晚熟品种耐贮性较强，而早熟品种不易贮藏。同一品种的梨因产地不同耐贮性也有差异。还有一些品种的梨，采收时果肉酸涩、粗糙(石细胞多)。必须经过长期贮藏，品质才有所改善，食用价值提高。

不同梨品种采收期各异，一般采收较早的贮藏后腐烂损失较少，采收较晚的贮藏中易产生生理病害和增加腐烂率。

(二) 贮藏条件

梨属于呼吸跃变型果实，温度与呼吸强度有很大关系。选择适宜的贮藏温度和相对湿度，是保证贮藏质量的重要因素。大多数梨的贮温控制在0~3℃。湿度控制在90%~95%，对气体含量的控制总体要求是低O_2、高CO_2条件。这样可以推迟呼吸高峰的早出现，有利于贮藏。具体气体成分控制，因贮藏品种的不同而各异，可查阅相关资料和通过试验而确定。

（三）技术要点

（1）适时采收。采收期直接影响梨的贮藏效果，采收过早过晚都影响采后的贮藏品质，采收期依据品种特性和采后用途不同来确定。对于直接上市鲜食或做短期贮藏的可在完熟期采收。用于长期贮藏和不耐贮的品种可适当的早采，以增强耐贮性。梨的品种不同，采收期各异。

（2）采收技术。采果不宜在下雨、有雾和露水未干时进行。因为果实表面附有水滴易引起腐烂。如必须在雨天采收时，需将果放在通风良好的场所，尽快晾干。梨质脆含水量高，采收时应尽量防止机械损伤，如指甲伤、碰伤、擦伤、压伤等。果实有了伤口，微生物很易侵入，并促进果实呼吸作用加强，降低了耐贮性。采果时，要按照从下到上、从外向内的原则，以免碰落其他果实造成损失。另外，要连果柄一起采下，因为不带果柄的果实商品值低，也容易在梨梗处造成损伤影响贮藏。

（3）分级。分级是商品化处理的必要手段，目前，分级的主要依据是我国 1989 年颁布的鲜梨国家标准（GB/T 10650—1989），该标准包括等级规格指标、理化指标和卫生指标 3 个方面。另外，2001 年发布了梨外观等级农业行业标准（NY/T 440—2001）。其主要标准的内容对梨的外观规格等级指标及单果重量均有具体要求。

（4）包装。内包装采用单果包纸、套塑料发泡网套或者先包纸再外套发泡网套，可以有效缓冲运输碰撞，减少机械损伤。包装纸须清洁完整、质地柔软、薄而半透明，具有吸潮及透气性能。另外，也可用油纸或符合食品卫生要求的药纸包果。外包装可用筐（篓）、纸箱、塑料箱、木箱等。塑料箱、木箱可做贮藏箱或周转箱，纸箱可做贮藏箱和销售包装箱。筐（篓）包装需内衬牛皮纸或包装纸，以减少摩擦。

（5）预贮或预冷处理。用于长期贮藏的梨品种，采收期一般在 9 月至 10 月上旬，此期产地的白天温度较高，进行长期冷

藏或气调贮藏的品种，采后应尽快入库进行预贮或预冷处理，以排出田间热。在预贮或预冷处理时，可采取强制通风方式和机械降温的方式。在降温处理时速度不宜过快，并且温度也不宜过低。一般预冷至10~12℃时就应采取缓慢降温方式逐渐达到适宜贮温。避免黑心病和黑皮病的发生。

（6）入库与垛码库房的准备及入库垛码的方式。参照苹果贮藏相关的技术要点进行。

五、桃的贮藏保鲜

桃为我国原产水果之一，在我国分布较广。按照地理、生态分布区位不同，分为南、北两个品种群。北方桃主要产于河北、山东、北京、河南、山西、陕西、甘肃、辽宁等地，南方桃主要产于江苏、浙江、上海等地。

（一）贮藏特性

根据果实发育期（从盛花到果实成熟的天数）的长短，桃分为特早熟、早熟、中熟、晚熟和特晚熟五类，一般来讲，果实发育期越长，果实成熟相对越晚，越耐贮藏。相对来讲，北方桃耐贮藏性好于南方桃。肉质脆硬、致密、韧性好的品种耐贮性好。一般用于贮藏的桃，应选择品质优良、果个大和色、香、味俱佳的中晚熟和特晚熟品种。中、晚熟品种如大久保、白凤、玉露、白花、燕红（绿化9号）、京玉（北京14号）、京艳、深州蜜桃、肥城桃等，在适宜条件下可贮藏40~60天。特晚熟品种如青州蜜桃、陕西冬桃、中华寿桃等，一般可贮藏2~3个月。

桃属于呼吸跃变型水果，采后具双呼吸高峰和乙烯释放高峰，呼吸强度是苹果的3~4倍，果实的乙烯释放量大，果胶酶、纤维素酶、淀粉酶活性高，果实变软败坏迅速，这是桃不耐藏的重要生理原因。离核桃呼吸强度大，PE、PG酶活性高，而黏核桃呼吸强度低，PE内切酶活性低，故黏核桃耐贮性强于离核桃。

桃对乙烯较为敏感，乙烯促进桃果褐变、软化和褪绿，因此应避免与释放乙烯较多的产品混贮。桃对低温非常敏感，一般在0℃时贮藏3~4周易产生低温伤害。桃和油桃树对低O_2的忍耐程度强于高CO_2。

（二）贮藏条件

一般认为，桃的适宜贮藏温度为0~1℃，相对湿度为90%~95%。不同品种适宜气调技术指标有所不同。在冷藏条件下，CO_2浓度不可超过10%，O_2的浓度范围大多在2%~5%。

（三）操作要点

（1）适时无伤采收。用于贮运的桃一般应在七八成熟时采收，果实应生长充分，基本呈现本品种固有色香味且肉质紧密。采收时应带果柄，减少病菌入侵机会。果实在树上成熟不一致时应分批采收。

（2）预冷。采用风冷或0.5~1℃冷水冷却的方式，在果实采后12小时内、最迟24小时内将果实冷却到5℃以下。

（3）包装。一般是用浅而小的纸箱盛装，箱内加衬软物或格板，每箱5~10千克。也可在箱内铺设0.02毫米厚低密度聚乙烯袋，袋中加乙烯吸收剂后封口。

（4）贮藏方式及管理。塑料小包装自发气调贮藏将桃装入内衬PVC或PE薄膜袋的纸箱或竹筐内，运回冷藏库立即进行预冷处理，然后在袋内分别加入一定量的仲丁胺熏蒸剂、乙烯吸收剂及CO_2脱除剂，将袋口扎紧，封箱码垛进行贮藏，保持库温0~2℃。各品种中大久保和白凤在冷藏、简易气调加防腐条件下贮藏50~60天，好果率在95%以上，基本保持原有硬度和风味；深州蜜桃、绿化9号、北京14号的保鲜效果次之；而冈山白的耐贮性最差。

人工气调贮藏，国外推荐在0℃下，采用1%~2% O_2+3%~5% CO_2，桃可贮藏4~6周；1% O_2+5% CO_2贮藏油桃，贮期可达45天。

六、樱桃的贮藏保鲜

采收及采后处理用于贮藏的樱桃要适当早采，一般提前一周收获，带果柄采收，尽量避免机械伤。采后立即将果实预冷到 2℃，基本上可控制由于采前浸染火星病而导致的腐烂。樱桃的果实较小、不耐压，应采用较小的包装，以每盒 2~5 千克为宜。

贮藏方法机械冷藏樱桃在 -1~0.5℃ 的温度和 90%~95% 相对湿度下，可以贮藏 20~30 天。采用气调贮藏，特别是简单易行的自发气调贮藏，也可获得较好的贮藏效果。一般做法是在小包装盒内衬 0.06~0.08 毫米的聚乙烯薄膜袋，扎口后，放在 -1~0.5℃ 下贮藏，使袋内的氧气和二氧化碳分别维持在 3%~5% 和 10%~25%，此法可贮藏樱桃 30~50 天。需要注意的是二氧化碳浓度最多不能超过 30%，不然，会引起果实褐变和产生异味。此外，为了防止不良气味，果实从冷库中取出后，必须把聚乙烯薄膜袋打开。

七、葡萄的贮藏保鲜

葡萄柔软多汁，含水量高，在贮藏中易干瘪、皱皮、掉粒和腐烂。用于贮藏的葡萄必须充分成熟，含糖量 15% 以上，组织充实，果粉与果蜡层厚，果皮坚硬。

1. 贮藏特性与条件

（1）品种。葡萄贮藏效果好坏的关键之一是品种特性，葡萄耐储品种要求成熟期晚，果皮稍厚，以巨峰、龙眼、紫玫瑰香等为好。

（2）采收。用于贮藏的葡萄可适当晚采，以增加含糖量。采前 2~3 天喷洒质量分数为（50~100）$\times10^{-6}$ 的萘乙酸和质量分数为 10×10^{-6} 的赤霉素。也可在采收后即用质量分数为 50×10^{-6} 的 2，4-D 浸果柄，防止掉粒。采收时用手掐住果穗柄，剪断穗柄，并轻轻摘除伤、病粒，将果穗轻轻装入铺有双层纸或

薄层草片的筐（箱）内。每筐装 15 千克左右，筐口敞开。

（3）温度、湿度。葡萄最适宜贮藏的温度为-1～3℃，相对湿度以 85%～90%为好。

2. 防腐措施

主要采用二氧化硫气体熏蒸进行防腐。除贮藏用具、地下窖要熏蒸外，葡萄堆成垛后，要用塑料薄膜封住，每 10 天熏蒸 1 次，每次按 0.10～0.25 克/立方米硫黄燃烧产生二氧化硫，熏蒸时尽量使气体均匀，以免造成局部硫害。

防腐也可按葡萄重量的 0.3%取焦亚硫酸钠或亚硫酸钠，再按 0.6%取无水硅胶，将两种药品研碎，拌匀，制成防腐剂。用时按每 5 千克葡萄取药 10 克，分包在两个布制药袋内，药袋下垫纸放入筐内，再封闭筐（箱）即可。

3. 贮藏方法

地窖贮藏

窖的建造与苹果、梨的地窖基本相同，贮藏方法有以下几种。

（1）吊袋贮藏。窖内搭纵脚架，架上放置 4～5 个挂吊葡萄的横杆。入窖前将葡萄装入塑料袋（每袋约装 1 千克），排出袋内空气，扎紧袋口，再将袋系挂在吊杆上，由里向外架在木架上即可。挂吊时注意不使吊袋相互接触，并注意冬季保温。

（2）筐藏。果穗装筐后，趁夜间低温立即入窖，筐离窖底地面 30 厘米，码好一层后，筐上放木板，再码上一层。码放时要留好通道，以便检查和通风，储期不宜翻动葡萄或倒筐，以免腐烂，造成损失。

葡萄贮藏期管理与苹果、梨相同，但温度要求较高，应注意调控。

（3）缸（坛、罐）藏。储前将使用的各种容器用水浸泡、冲洗干净，再用 60°白酒擦拭内壁消毒，然后将葡萄一层层地放置，每层 15～20 厘米厚，层间设支架（呈竹帘状），以防果粒

破裂造成腐烂。装满后用塑料薄膜封口扎紧，置于阴凉处储存。

八、草莓的贮藏保鲜

草莓是一种聚合果，柔软多汁，酸甜适度，风味别致，是一种营养价值较高的水果。

（1）贮藏特性。草莓果皮极薄，外皮无保护作用，在采收和运输中易受损伤而遭受病原菌侵染导致腐烂，常温下放置 1~2 天就变色变味，在 29℃下 8 小时，草莓的鲜销率可下降 32%。

（2）采收。草莓的收获不同于其他果品，要分次采收。草莓贮藏果的适宜采收成熟度是八成熟。采收宜在早晨或近傍晚前进行。采摘时连同花萼自果柄处摘下，避免手指触及果实。果实边采边分级，可减少因翻动所造成的机械损伤。采下的草莓宜用小容器盛装，切勿使其受损伤。采后应随即进行预冷。

（3）防腐保鲜处理。用脱氢醋酸钠 4 000 毫克/升浸果 30 秒，可防治灰霉病。用 1%乙醛蒸气熏蒸草莓 0.5~1 小时，可控制灰霉病和软腐病。用 44℃热蒸汽处理草莓 40~60 分钟，可明显减少腐烂。温度较高或处理时间过长，会造成果实软化和褪色。近年来发现，壳聚精也可使草莓的贮藏寿命延长，降低腐烂率。

（4）包装。内包装可选用定量为 0.5 千克左右的塑料盒或塑料托盘，果实排列整齐，封盖后装入纸箱、木箱或塑料箱中，每箱以 5~10 千克为宜。也有采用 90 厘米×60 厘米×15 厘米果盘的。草莓放在盘里，厚为 9~12 厘米，再用聚乙烯薄膜袋套好果盘密封，放在温度 0~1℃、相对湿度 85%~95%的冷库里贮藏，每隔 10~15 天开袋检查，如果无腐烂变质情况，再行封口继续贮藏。

（5）预冷。采收时温度可高达 30℃，若在阳光下温度更高，处于此环境下 4 小时，果实的鲜销率即降低 40%。因此，采后要尽快预冷，采用强制通风冷却可使草莓在 1 小时内降到 1℃，而空气冷却需 9 小时才能达到这个温度。草莓不适宜用冰水冷却，否则会失去表面光泽。

（6）运输。新鲜草莓在运输期间，如果能降低温度，增加二氧化碳浓度，可大幅度降低腐烂率，提高商品价值。美国采用增加二氧化碳浓度的方法，在包装箱外罩塑料膜，可使二氧化碳含量由开始时的4%提高到21%，虽然温度比未罩塑料膜的高3℃，但腐烂率却可减少一半。

（7）贮藏。草莓的适宜贮藏温度为0℃，相对湿度为90%~95%。采后应立即预冷到0℃。气调贮藏的最佳条件为：温度0℃、二氧化碳含量10%~20%、氧气含量3%~5%。个人少量贮藏时，可把刚采摘下来的草莓轻轻放入坛罐之类的容器中，用塑料薄膜封口，置于通风冷冻处或埋藏于房后阴凉的地方。

（8）运销。新鲜草莓极易腐烂，很少做长期贮藏。草莓多种植于城市郊区，就地供应，早晚采收，立即送市场销售，但有时为了避开上市高峰期可做短期贮藏。

第二节　蔬菜贮藏保鲜

一、蔬菜贮藏的原理和方式

1. 蔬菜贮藏的原理

新鲜蔬菜与水果一样，采收以后，仍有生命活动，继续着一系列生理生化过程，其呼吸作用消耗着营养物质，蒸腾作用使水分减少，附着其上的微生物生长与繁殖都使其品质从新鲜走向衰老、腐败与变质。蔬菜的贮藏就是要采取一切可能的措施来维持蔬菜处于缓慢、正常的生命活动状态，延长采后的寿命。

蔬菜贮藏的基本原理是通过控制环境条件来调控蔬菜收获后的呼吸作用，维持蔬菜处于缓慢和正常的生命状态，延缓蔬菜的抗病性，进而达到较长时间保鲜的目的。因此蔬菜贮藏保鲜的关键在于调控呼吸作用，而环境条件是影响呼吸作用的重要因素，蒸腾作用、激素的作用也会直接或间接地影响呼吸作

用，所以贮藏的任务是利用一定的设备，调节蔬菜贮藏环境的温度、湿度以及气体成分，使蔬菜产品较长时间地保持新鲜程度和良好品质。

2. 蔬菜贮藏的方式

蔬菜贮藏的方式与水果基本相同，主要采用低温冷藏、气调贮藏。低温冷藏有利用自然低温或自然冷源贮藏的堆藏、沟藏、窖藏、通风库贮藏以及机械制冷的冷库贮藏等；气调贮藏主要是将蔬菜置于塑料袋或塑料帐中，以降低贮藏环境中氧气的含量，提高二氧化碳的含量，抑制植物的新陈代谢和微生物的活动，此法结合低温冷藏，可以获得较好的贮藏效果。

在实际操作中，应根据蔬菜的种类和品种，结合相应的条件，采取经济、合理的方式获得最佳的贮藏效果。

二、大白菜的贮藏保鲜

大白菜在我国南北方都有栽培，特别在北方各地栽培面积大，贮藏时间长，是冬季的主要蔬菜。大白菜的贮藏温度以-1~1℃为宜，相对湿度以85%~90%为宜。贮藏变质主要表现为脱帮、腐烂和失水。

三、甘蓝的贮藏保鲜

甘蓝的贮藏特性与大白菜相似，对贮藏条件的要求也基本一致。因此大白菜的贮藏原则与措施也适用于甘蓝。

贮藏甘蓝要选晚熟、结球紧实、外叶粗糙、附有蜡质的品种。甘蓝的抗寒性比大白菜强，收获期和入窖期可稍晚，贮藏适宜的温度为0~1℃，收获时要保留1~2轮外叶，采收后可适当晾晒。

埋藏甘蓝时，沟宽为1.5~2米，沟深视当地气候条件及堆放甘蓝的层数决定，一般沟内堆放两层，下层根向下，上层根向上，上面覆土。结球不紧的甘蓝收获时要连根带外叶一起收获，假植于沟内，适当覆盖防冻。

窖藏甘蓝可在窖内堆成塔形垛，宽约2米，高约1米，垛间留出通风道。也可采取架储，各层架相距75~100厘米，架上铺木板，每层架堆3~6层，距离上架板20厘米。

甘蓝贮藏中易从根切口处感染病害，对此可用消石灰沾根防腐。

四、绿叶蔬菜的贮藏保鲜

绿叶蔬菜中，菠菜、芫荽（香菜）、芹菜、油菜等耐寒力较强，北方大多在冬季贮藏，以调剂市场供应。

绿叶菜叶片表面积大，水分蒸发快，收后极易脱水萎蔫，贮藏中还会产生大量呼吸热，引起黄化、腐烂。因此，常采用冻藏法贮藏。

1. 菠菜的贮藏

菠菜的耐寒性较强，在冻结温度下可长期贮藏，解冻后仍可恢复新鲜状态。菠菜大致可分为圆叶和尖叶两种类型。尖叶型菠菜耐寒性强，适宜贮藏，菠菜的收获期应在土壤即将封冻时，将菠菜连根拔起，去泥土，捆成捆放在背阴处，稍冷凉后即可贮藏。贮藏方法主要有以下两种。

（1）普通冻藏。做1米宽的平畦或挖12~18厘米深的浅沟，将菠菜捆根朝下整齐排列在畦上或沟内，上盖一层细土，以盖严菜叶为宜。随气温下降，菠菜自然冻结后，加厚覆土或盖谷草防寒，以维持菠菜处于冻结状态、又无冻害为宜。

（2）通风贮藏。在菠菜贮藏畦底沿畦长挖深和宽均为18~27厘米的小沟2~3条，沟两端与外界相通，沟上横铺苇子或秫秸，将菠菜捆摆放在上面。覆土方法与普通冻藏相同，贮藏初期打开各通风口，让冷风透入沟内，使菠菜迅速冻结。

冻结菠菜解冻时，挖开覆土，取出菜捆，置于0℃左右的条件下缓慢解冻，可使菠菜恢复新鲜状态，但切记不可在高温条件下骤然解冻。

2. 芹菜的贮藏

芹菜的耐寒性次于菠菜，贮藏的适宜温度为-2~3℃。温度过低，菜叶冻成暗绿色，解冻后不能恢复新鲜状态。因此，芹菜采用微冻贮藏、假植贮藏或气调冷藏效果较好。

（1）假植贮藏。开挖一条长为1.6~2米的沟，沟深因芹菜长短而定，使芹菜的2/3部分留在沟内，其余1/3在地面以上。将连根拔起的芹菜栽于沟中，行距5厘米，也可将芹菜扎成2~3千克重的小捆，根朝下假植，捆间相距7厘米。假植后，小水漫灌一次，使水充分渗入土中。勿使沟内温度低于-1℃，北方寒冷地区可搭风障或覆草帘防冻，第二年开春后拆去。

（2）冻藏。芹菜的冻藏与菠菜大体相同。但芹菜必须保持微冻，因此冻藏期内应加强防寒措施。冬季不太寒冷的地区，常在风障北侧建地上式冻藏窖。窖四周墙厚6.0~8.0厘米，高约100厘米，窖底挖若干条通风道，通风道的一端与南墙正中的通风筒相通，另一端穿过窖底在北墙外向上开口，形成一个完整的通风系统。窖底铺秫秸和细土，芹菜摆好后，上盖一层细土，使芹菜叶似露非露。初期白天盖草帘，夜间揭开，以防温度过高。随天气变冷，分次覆土，总厚度为20~30厘米，严冬时堵住北边的通风口，使窖内温度保持在-2~-1℃。解冻方法同菠菜。

（3）塑料袋装贮藏。用0.08毫米厚的聚乙烯薄膜制成75厘米×100厘米的塑料袋，每袋装经挑选的芹菜12.5千克，扎紧袋口，分层摆在冷库的菜架上，库温0~2℃，保持袋内氧气含量不低于2%，二氧化碳含量不高于5%。每隔两天测一次袋内气体成分，气体成分不合要求时，可打开袋口，通风换气后再扎紧。

五、芫荽的贮藏保鲜

芫荽又叫香菜，贮藏方法与菠菜基本相同。冷藏前将收获的芫荽去黄叶、烂叶，扎成小把，装入筐，放入菜窖内即可。

也可将芫荽扎成捆后，装入聚乙烯袋中，扎紧袋口放入菜窖贮藏，贮藏期内可定期放风或松口透气。此法可保鲜4~5个月。

蔬菜加工品是利用各种加工工艺处理新鲜的蔬菜原料而制成的产品。蔬菜加工不仅是食品工业的重要组成部分，而且是农产品实现商品化，获取较高的商品附加值的重要途径之一。

六、番茄的贮藏保鲜

番茄喜温，一般以未充分成熟的绿熟果入储，适宜的贮藏温度为11~13℃，相对湿度为90%左右。

1. 储前准备

储前将裂果、病果、伤果及直径不足3厘米的小果挑出，摘去果柄，分级装筐（装筐前用1%漂白粉溶液冲洗并晾干），然后在荫棚下预冷。

2. 贮藏方法

（1）普通贮藏。在土窖、通风库、地下室、防空洞等阴凉的场所贮藏。番茄可装在浅筐或木箱中平放在地面上，或叠放在菜架上，每层架放2~3层果，经常检查，此法可贮藏20~30天。

（2）气调贮藏。贮藏前，在库内地面上铺一层0.1~0.2毫米厚的塑料薄膜，上面垫一层垫木或砖，其间撒一层消石灰(用量为番茄重量的1%)，以避免呼吸放出过量的二氧化碳而造成伤害。番茄装筐，码在垫木或砖上，码4~5层，也可在薄膜上摆放菜架，每垛或每架储500~1 000千克。番茄摆好后，用塑料帐罩住，将帐壁四边与底膜四边卷起压紧，使整个帐子处于密封状态。为防止腐烂，帐内可放无水氯化钙或硅胶等吸湿，也可每隔2~3天输入一次氯气（用量为帐内空气的0.2%）。如帐内二氧化碳浓度过高，氧含量降至2%~3%时，应用鼓风机补充新鲜空气，使氧气含量升高至4%~5%。

七、马铃薯的贮藏保鲜

马铃薯俗称土豆，收获后有明显的生理休眠期，一般为2~4个月，这对贮藏是很有利的。其贮藏适宜的温度为3~5℃，相对湿度为80%~85%，贮藏中应适当通风、避光，以防长霉、黑心和发芽。

八、洋葱的贮藏保鲜

洋葱也具有生理休眠特性，一般刚收获的洋葱，正处于休眠的准备时期，此时应给予较高温度和充分的通风条件，并充分晾晒，这样有利于贮藏。

洋葱脱离休眠期后，开始陆续发芽，如果处于5~25℃的条件下，可加速发芽，而在0~1℃、相对湿度为60%~70%时又可使其强迫休眠。当洋葱生长期处于35~40℃的环境时，芽的萌发也会受到抑制。此外，过高的二氧化碳浓度也可抑制萌芽。因此，洋葱可采用低温干燥法或高温干燥法贮藏，也可用气调贮藏。

1. 储前处理

用于贮藏的洋葱头，在植株生长到顶端开始打花苞、叶子变黄、葱茎部开始变软、有4/5茎叶倒伏、葱头成熟时采收。采收前1~2周不浇水。收获应在晴天进行，一般人工将葱拔出土后晾晒数日，至叶萎蔫时，编成辫子或打捆，继续晒到茎叶干透时为止。

2. 贮藏方法

（1）挂藏。此法大多在储期不太冷的地区和季节应用。寒冷季节可在屋内或通风库内进行。将预储后的洋葱辫挂在架上，室外挂藏时，四周围上草席。前期注意防雨，天冷时要防寒或移入室内。

（2）筐藏。采收后的葱头外表晒干后，在距葱头约3厘米

处剪去茎叶，按葱头大小分级，并剔除未成熟、软而不耐储的葱头，再将选好的葱头放入板条箱或筐中。气温尚暖时，放在凉爽干燥的棚内，气温下降到上冻时移入室内保温贮藏。通常码2~4层筐高度为宜，垛上盖薄席或棉被保温，库温维持在0℃左右，相对湿度为65%~70%，可储至第二年春天。

（3）垛藏。选地势高、干燥、阴凉通风的场地，用枕木铺秫秸垫高约30厘米。将葱捆或葱辫纵横交叉码成垛（垛底宽1~2米，高2米左右，长5~6米），每垛约5 000千克。码后用苇席封垛，上覆一层苇席或塑料薄膜防雨，一般不倒垛。当气温降至0℃时，移入窖或库内储存，储存条件与筐藏相同。

九、大蒜和大葱的贮藏保鲜

大蒜休眠期为2~3个月，适宜的贮藏温度为-3~1℃，相对湿度不超过85%，休眠期后，控制在0℃以下干燥环境中贮藏。

大葱的耐寒力比大蒜、洋葱都强，能耐受-30℃以下的低温，可露地越冬。

1. 储前处理

适时收获的大蒜储前必须彻底晾干，大葱收获后需高温干燥，待气温下降后再行贮藏。

2. 贮藏方法

（1）大蒜贮藏。大多在通风库内编辫码垛或悬挂，少量贮藏时，可在冷凉室内，避免受潮受冻。大蒜经低温阶段休眠后，再处于5~18℃环境下会迅速发芽。如果一直处于30℃环境中储存，可保鲜一年以上。我国南方的烤蒜，就是将蒜在40~50℃下烘烤，使幼芽丧失发芽能力，因此可长期贮藏保鲜。

（2）大葱贮藏。冻藏的大葱可成捆置于通风背阴处，或在荫棚下自然冻结，食用前在室温下解冻，仍能恢复原有的新鲜状态。

十、芋头的贮藏保鲜

芋头比生姜稍耐寒，贮藏时适宜的温度是10~15℃，接近0℃或高于25℃会明显受害。芋头喜湿，但易腐烂。一般在经霜一两次后收获，收后随即入储，储法与生姜窖藏法相同。芋头在窖内散放，或与湿沙土层积，注意分期覆盖，并防漏雨或窖内积水，也可在贮藏库内用沙子层积。

十一、辣椒的贮藏保鲜

辣椒贮藏中除防止萎蔫和腐烂外，还要防止后期变红。贮藏适宜的温度为7~9℃，相对湿度为90%~95%，要有良好的通风条件。贮藏用的青椒宜选色深肉厚、皮坚、光亮的晚熟品种，以甜椒较耐贮藏。

（1）储前准备。采收时应防止果肉和胎座受损。如果气温尚高可短期预储，装筐或散放于浅沟内，注意覆盖防霜。在干旱地区或干旱季节，需防水分蒸发。

（2）贮藏方法。甜椒民间贮藏方法较多，如沙藏、沟藏、窖藏等。

①沙藏：储前严格剔除病、伤果，在窖内或室内地面上先铺6~9厘米的沙子，采用一层甜椒、一层沙子的层积法，埋3~5层甜椒。若贮藏量大，可用砖把沙子和甜椒圈起来。也可用木箱或箩筐装沙埋藏，方法同上。沙埋贮藏10~15天翻动1次，温度控制在10℃左右为宜。

②窖藏：霜前采收青椒放于筐中，筐内垫纸，面上盖纸，筐在窖内码成垛，垛间留一定空隙，窖可深些，覆盖层要厚些，以便保温。入窖初期温度较高，应利用夜间通风降温。后期外界气温低，应加强保温措施，换气应选晴天中午。北京等地用湿蒲包衬筐贮藏，先用0.5%的漂白粉溶液将蒲席浸透、晾干后衬筐，装入青椒，码在窖内，垛的表面也可用湿蒲包片覆盖。白天不放风，可揭开垛面蒲包片；夜间放风，保持窖内温度为

7～10℃，每隔7～10天倒筐检查1次，并更换蒲包，换下的蒲包洗净消毒后可继续使用。

③气调贮藏：秋季冷凉季节，将贮藏温度控制在10℃左右，氧气含量为2%～6%，二氧化碳含量不超过5%，每天检查1次。

十二、南瓜、冬瓜的贮藏保鲜

南瓜和冬瓜可储放在空屋内或湿度较低的窖内，保持温暖干燥。适宜的贮藏温度为10℃左右，相对湿度为70%～75%。贮藏时地面铺细沙、麦秸或稻草，上面堆放2～3层瓜，也可将瓜摆在菜架上。

十三、黄瓜的贮藏保鲜

黄瓜不耐低温，贮藏的适宜温度为10～13℃，相对湿度90%以上，气调贮藏时适宜的氧气和二氧化碳的含量均为2%～5%。贮藏方法有以下几种。

（1）沙埋。将黄瓜于霜降前采收，选无病虫害、粗壮坚实的绿色瓜，再将细沙洗去土，放入铁锅中炒干消毒，凉至室温后，喷水湿润。在上釉的大缸缸底铺沙，采用层积法，铺7～8层瓜。在7～8℃时可储存20～30天。

（2）缸储法。在近霜降时采收质量好的绿色瓜，将大缸底部注入10～20厘米深的凉水，在距水面8～10厘米处横架几根木条，上面放一个秫秸帘子，在帘上沿壁转圈平放黄瓜，瓜柄朝外，瓜蒂朝里，使缸中心形成一个空洞，以利上下通气。每摆若干层加一层横隔帘，至离缸口10厘米为止，用牛皮纸糊严封缸，可储3～4周。

（3）通风库贮藏将黄瓜装筐，入库码成垛，垛底撒消石灰吸收二氧化碳，用塑料帐将垛密封。库温降至12～13℃、氧气含量低于5%、二氧化碳含量高于5%时，打开帐子适当通风换气。结合化学试剂处理效果更好。贮藏后期每隔5～6天应检查1次。

十四、茄子的贮藏保鲜

茄子贮藏的适宜温度是12~13℃，相对湿度是92%~93%，在此条件下可贮藏20天左右。贮藏方法有以下几种。

（1）埋藏法。选地势高处挖宽1米、长1米、深1.2米的坑，坑的东西两端各留一个气孔，坑的一端留出口，顶用玉米稻铺盖后，再盖约12厘米厚的土。将选好的茄子柄把向下一层层码好，果柄插在果层的间隙。码5层后，用牛皮纸覆盖，再将坑口堵上，使坑内温度保持在5~8℃。若温度低于5℃，在坑顶加盖土层保温，并堵严气孔，温度过高时，打开气孔降温。用此法可储存40~50天，贮藏期间要不断检查。

（2）气调贮藏。在20~25℃的常温下，将准备好的茄果在库房里码成垛，用塑料帐密封，帐内保持氧气含量2%~5%、二氧化碳含量5%的环境条件，一般可贮藏30天左右。

十五、四季豆的贮藏保鲜

四季豆以肥嫩的荚果供食用，很受人们欢迎。但四季豆的贮藏性较差，采用适宜的低温、高湿环境，可延缓其老化，减少锈斑的发生。供贮藏的四季豆应选择果皮厚、纤维少、脆嫩、不易老化的品种，在早霜来临前几天采摘。

（1）筐储。此法适用于农村家庭。秋天栽培的四季豆，10月中旬采收，选好荚果装筐，在筐中间掏一个空洞或放一个小的通气筒，用以换气，每周检查1次。贮藏时室温控制在8~15℃，相对湿度80%~90%，可储存20~30天。

（2）低温贮藏。将采收的四季豆预冷，选不老不嫩的装筐，每筐15千克，筐上盖一层纸，然后入库码成垛，每垛40~50筐，垛上盖蒲席或塑料布，以防止水分散失。库内温度保持在4~6℃，相对湿度为80%~90%，可储存20~30天。

十六、豇豆的贮藏保鲜

豇豆较难贮藏，一般采用低温贮藏，温度在-5℃以下，相对湿度为80%~90%，也只能贮藏两周左右。贮藏的具体操作与四季豆相同。豇豆组织脆嫩，含水量多，容易腐烂，贮藏期间要勤检查，发现霉烂豆荚要及时处理。

第七章　畜禽产品贮藏保鲜技术

第一节　畜肉贮藏保鲜技术

畜肉类内的营养成分和水分含量较高，有利于微生物的繁殖生长，肉中所含的酶会因为贮藏、运输和销售过程中的管理不当而造成腐败变质，使经济损失严重，还会影响食用人的身体健康。因此，延长肉与肉制品的保鲜期、减少肉的腐败变质一直是肉类工业的重要问题。

使用最为广泛、效果最好、最经济的现代肉贮藏方法是低温保存，利用低温来抑制微生物的生命活动和酶活性，从而达到贮藏保鲜的目的。

一、肉类冷藏的原理

（一）低温对微生物的作用

低温环境的优越性在于抑制微生物的生长繁殖，抑制肉内酶的活性，延缓酶、氧气、光参与的生物化学反应，从而使肉品维持较长时间的新鲜度。微生物在生长繁殖时受很多因素的影响，温度的影响是最主要的。各种微生物对温度的要求不同，根据其对温度的耐受程度，可将微生物分为嗜冷菌、嗜温菌和嗜热菌三种类型。

低温能够抑制微生物生长繁殖的原因有两个方面：一是破坏微生物的细胞结构，二是破坏微生物的新陈代谢作用，二者是相互关联。正常情况下，微生物细胞内各种生化反应总是协调一致的。温度越低，失调程度越大，从而将微生物的正常新

陈代谢打破，使它们失去正常的生活机能，直到完全终结。冻结和冰冻最易使微生物死亡。几乎所有的微生物都不能在-18℃以下的温度内生存，但也有某些微生物会产生低温环境的适应能力，在-20℃时仍会发现有微生物活动。

（二）低温对酶的作用

酶的活性和温度有很直接的关系。肉类中的酶随温度的上升或下降也会产生相应的上升或下降。一般肉类中的酶在温度为30~40℃最适宜活动，温度每下降10℃，酶活性就会减少1/3~1/2。当温度降到0℃时，酶的活性大多被抑制。所以说，刚刚屠宰的动物如果不能迅速进行肉体降温，酶就会在适宜的温度下产生化学反应，引起肉的变质。低温可抑制酶的活性，延缓肉内化学反应的进程。但是低温并不能完全抑制酶的作用，只是起到了缓慢催化作用。

二、肉的辐射保藏

利用原子能射线的辐射能量对新鲜肉类及其制品进行处理，使肉品在一定期限内不腐败变质、不发生品质和风味的变化，延长其保存期的方法叫作辐射保藏。利用这种贮藏方式，无须提高肉的温度就可以杀死肉中深层的微生物和寄生虫，并且可以在包装完成后进行，不会留下任何残留物，既节约能源，又适合工业化生产。

（一）辐射保藏的原理

辐射保藏的原理是利用电子加速器产生的电子束、X射线或放射性核素发出的射线对肉类进行一定范围能的辐照，进而抑制肉品中某些生物活性物质和生理过程或杀灭肉中的微生物及其他腐败细菌。1980年，由联合国粮农组织（FAO）、国际原子能机构（IAEA）、世界卫生组织（WHO）组成的“辐照食品卫生安全性联合专家委员会”针对辐照食品是否安全的问题做了探讨和研究并得出结果：食品经低于10千戈瑞的辐照，没有

任何毒理学危害，也没有任何特殊的营养或微生物学问题，即食品的辐照剂量低于10千戈瑞是安全卫生的，是可以食用的。

（二）辐射杀菌类型

食品上应用的辐射杀菌按剂量大小和所要求目标可分为三类。

1. 辐射耐贮杀菌

以假单胞杆菌为目标，目的是减少腐败菌的数目，延长冷冻或冷却条件下食品的货架寿命。一般剂量在5千戈瑞以下。产品感官状况几乎不发生变化。

2. 辐射阿氏杀菌

所使用的辐射剂量可以使食品中微生物减少到零或有限个数，用这种辐射处理后，食品可在任何条件下贮存。

3. 辐射巴氏杀菌

辐射剂量以在食品中检测不出特定的无芽孢病菌为准。

三、肉的其他保鲜方法

1. 充气包装

通过特殊的气体或气体混合物，抑制微生物生长和酶促腐败，延长食品货架期的方法叫作充气包装。充气包装能够减少肉汁的渗出，还能保持良好的肉色。

充气包装所用气体主要为CO_2、N_2、O_2，CO_2对于嗜低温菌有抑制作用；N_2惰性强，性质稳定；O_2性质活泼，容易与其他物质发生氧化作用。在充气包装中，O_2、N_2、CO_2必须保持合适比例，才能使肉品保藏期长，使各方面均能达到良好状态。

2. 防腐保鲜

肉类保鲜贮藏中最常用的一种方法便是防腐保鲜剂。它分为天然防腐剂和化学防腐剂两种。

天然保鲜剂是最符合现代人类要求的，常用的有乳酸链球

菌素、香辛料提取物等，而开发新型的天然保鲜剂也已经成为当今防腐剂研究的主流。化学防腐剂主要为各种有机酸及其盐类。常用的有乙酸、山梨酸及其钾盐、甲酸、抗坏血酸、乳酸及其钠盐、柠檬酸、磷酸盐等。

3. 真空包装

除去包装袋内的空气，经过密封，使包装袋内的食品与外界隔绝的方法叫作真空包装。在真空状态下，好气性微生物的生长减缓或受到抑制，减少了蛋白质的降解和脂肪的氧化酸败。

第二节 禽肉贮藏保鲜技术

刚刚屠宰的禽类肉体温度达到37~40℃，而这样的温度是非常适合酶的反应以及微生物的生长繁殖的，若不立即进行加工、贮藏，很容易引起不必要的损失。因此首先要做的就是将肉体温度降至3~5℃。一般的冷却方法有空气冷却和水冷却两种。

一、空气冷却

（一）吊挂式冷却

我国经常会将光禽吊在挂钩上进行空气冷却，即用架子吊挂冷却。冷却间的空气温度为2~3℃，相对湿度为80%~85%，风速为1.0~1.2米/秒。用吊挂冷却方法处理的鹅、鸭的胴体体温在7小时以后便可降低到3~5℃，鸡所需的时间更短。吊挂冷却的优点是可以缩短10%~20%冷却时间。但在冷却过程中，因禽体吊挂下垂，往往引起禽体伸长，为保持禽丰满美观的外形，需要人工整形。

（二）装箱法冷却

用装箱法冷却时，不需要盖箱盖，将禽肉装箱以后放在架子上，也可以在冷却间的地面堆成方格形，每2~3层为一格。

每1平方米地面上的装载量为150~200千克。冷却所需时间在空气自然对流的条件下因禽肉的重量和大小而有很大的差异。对鸡肝、心、颈皮、鸡尾、鸡肫等产品，在常温25℃以上时，要放在冷却间进行30分钟至1小时的冷却，即可避免肉变味。冷却终了箱内温度不应超过2℃，冷却时质量损失一般在0.5%~1.2%的范围内。若在管架式冷却间内冷却，箱子与箱子之间不要紧挨，留有一定的空隙可促进空气的流通。

（三）连续低温吹风冷却

连续低温吹风冷却方法的优点是，禽胴体外观好看，冷却速度快，而且包装袋内又无汁液渗出，冷藏期也长。具体有三个步骤：首先要用15℃的干空气吹15分钟，其目的是在冷却的同时，干燥禽体表面过多的水分；然后用-1~0℃的高速气流冷却75分钟，胴体温度下降至10℃或以下，达到包装要求。最后将包装好的禽肉放在-2℃的高速气流中，继续进行冷却165分钟。全部冷却过程大约4小时。

（四）隧道式冷却

这种装置由许多小冷却室（单体）组装而成。每一个小冷却室中都设置有冷风机，其数量由宰杀的生产能力来确定。空气在隧道中流动的方向是横向流动，被冷却的禽胴体放在多层小车上。

二、水冷却

（一）浸渍冷却

用冷却水或冰水混合物进行冷却的方法却叫浸渍冷却，浸渍冷却只限用饮用水。用浸渍冷却法具有漂白、冷却速度快、易实现流水作业、没有干耗、增重的优点。但同时也有增加微生物污染、禽胴体带水量多、包装后袋内易渗出水分且逐渐增加、影响产品的外观、创造了利于微生物生长繁殖的条件等缺点。

浸渍式水冷却装置是由水槽、倾斜传送带、带有冷却排管的大桶、管道和循环泵组成的。被冷却的禽肉一面预冷，一面沿水槽进去冷却大桶，然后由传送带将其捞出。水是用设在大桶中的冷却排管冷却的。该装置操作管理简单，但是水槽中水温升高到4～5℃时，会延长冷却过程。不过可以采用冰水混合物冷却解决这一问题。

冰水混合物冷却禽胴体的自动化装置由水槽、带有挡栅的传送带、提升机、电动机和减速器组成。

禽肉从传送带上自动掉入大桶，然后由挡栅将两个相邻的挡栅围成的娄形小室内的禽肉和碎冰推到水槽的末端送入提升机。

如果禽胴体没有进入提升机，那么挡栅会在抬起来的同时将禽肉托起，重新掉入到水槽中，再经过一系列的过程进入提升机。这种装置的优点是，挡栅可以拨动它前面的任何一块漂浮或是沉底的禽肉，最终都会被挡栅推向末端。

（二）喷淋冷却

喷淋冷却的效果与浸渍冷却相同，但相对来说需要更多的动力，且禽肉的增加质量也较浸渍冷却减低85%，若喷淋水不循环使用，可减少微生物的污染，但耗水量大。

水喷淋冷却装置由小室、悬挂禽胴体的传送带和离心喷雾的集管及管道组成。使用这种装置的优点就是能充分洗涤禽肉，快速冷却禽肉。离心喷雾器是用于喷水的。可以用循环水也可以不用循环水。喷雾器交叉布置在集管的格点上，并且向传送带的轴倾斜。在冷却室内采用这种方法安装喷雾器时，沿着放禽肉的传送带形成了一个完整的水帘。离心喷雾器的水压要达到150～200千帕，集管的间距为450毫米。传送带的速度用减速器和变速器进行调节。禽肉通过装置的时间是它冷却到4～5℃所需要的时间。在冷却结束之前，应进行一次全面的质量检查，以防止混入不符合要求的禽肉，若发现有不合要求的禽肉混入，应一律剔除。

尤其是胆囊是否破损要引起特别的关注。轻微的破胆，初步加工后的检查很难发现，因为输胆管破裂的口很小，其胆汁一时不易流出。但在冷却过后，由于胆囊受肌肉收缩压力的影响，其胆汁便易从肛门流出，就会很容易发现。采用吊挂式冷却，若有此种现象，很容易发现。

第三节　肉产品的包装及保鲜技术

据统计，在全世界的肉类消耗中，禽肉是需求最大的。在最近几十年里，禽肉的消耗正在猛步增长，因此禽肉产品的加工将会更加多种多样。在许多发展中国家包括印度，禽产品生产和贸易往来快速发展，随着生产的发展，人类对禽肉产品的加工要求也日益严格，也因此会出现更多的禽肉产品。社会需求高质量的加工产品将刺激生产企业采取新颖的保鲜技术延长货架寿命，保证其感观性质和营养价直。

禽肉产品的加工同时也要从经济和能量两个方面综合考虑，才能保证使用合适的技术来确定禽肉产品的食用安全性。我们在这里介绍四种相对较新颖且有潜在作用的禽肉产品保鲜技术。

一、超高压技术

当高压达到 10 000帕时，可以杀死所有的微生物。所以使用高压技术进行禽肉产品的保鲜贮藏已经成为一项方便、实用、卓有成效的食品加工和保鲜的技术方法，并且使用高压技术，不需加入添加剂，有助于产生安全、营养、方便、高质、货架期较长的食品。

采用高压技术保鲜肉制品是以静止酶活性为基础的，它抑制微生物的特性已在肉制品中得到证实。高压通过影响肌肉组织的肌原蛋白而提高肉的嫩度，同时，还可以提高肉本身的内在性质，代替一些肉制品中用来提高结合力的添加剂。这项技术可以提高货架期且不损失营养成分。

高压技术能有助于保留僵肉的内在性质且提高肉质，免除屠杀后的突然冷却，避免能量的损失。

高压技术可以杀死所有的营养微生物，但不能完全杀灭细菌孢子。因此，研究使它和其他过程如热处理、红外线、微波处理、电处理等混合使用的效应发现，在许多食品加工和保鲜方法中，高压处理和热处理混合使用最有成效。总之，高压能够代替常规的热处理杀死微生物，又避免了化学处理过程中食品成分的破坏。据报道，高压对微生物、蛋白质或酶的效应和高温处理类似。另外，这项技术具有热处理所没有的一些优点，如对食品均衡的气压穿透力、减少食品中热损失、减少化学添加剂的损失。

二、气调保鲜包装技术

气调保鲜贮藏技术在国外已经被广泛使用，是延长生鲜食品货架期的包装新技术。在英国采用35%～45% CO_2/55%～65% N_2气调保鲜方式来贮藏金枪鱼，其货架期可延长到6天；采用25%～35% CO_2/65%～75% N_2气调保鲜包装贮藏禽肉，货架期为7天。生鲜食品采用气调保鲜贮藏，首先要对原料进行清理和清洗，然后分割、称重进行包装，这样的包装方式很适合厨房所用要求。

气调保鲜包装保护气体组成和包装材料需根据各类生鲜食品的防腐保鲜机理来确定怎样才能取得有效和尽可能长的货架期。生鲜肉类气调包装可分为两类：一类是猪肉、牛肉、羊肉，肉呈红色，又称为红肉包装，要求既保持鲜肉红色色泽，又能防腐保鲜；另一种鸡鸭等家禽肉，可称为白肉包装，只要求防腐保鲜。红肉类的肉中含有鲜红色的氧合肌红蛋白，在高氧环境下可保持肉色鲜红，在缺氧环境下还原为淡紫色的肌红蛋白。真空包装红肉，由于缺氧肉呈淡紫色，会被消费者误认为不新鲜而影响销售。红肉气调包装的保护气体由 O_2 和 CO_2 组成，O_2 的浓度需超过60%才能保持肉的红色色泽，CO_2 的最低浓度不低

于25%才能有效地抑制细菌的繁殖。各类红肉的肌红蛋白含量不同，肉的红色程度不相同，如牛肉比猪肉色泽深，因此不同红肉气调包装时氧的浓度需要调整，以取得最佳的保持色泽和防腐的效果。猪肉气调包装保护气体的组成通常为60%~70%O_2和30%~40%CO_2，0~4℃的货架期通常为7~10天。家禽肉气调包装目的是防腐，保护气体由CO_2和N_2组成，禽肉用50%~70%CO_2/50%~30%N_2的混合气体气调包装在0~4℃的货架期约为14天。

三、栅栏技术

栅栏技术是几年前才开始使用的，因为此法有利于保持食物的安全、稳定、营养和味道，所以在食品保鲜技术上日渐突出。采用栅栏技术保鲜食品是在1976年，由Leistner和Robel于德国Kulm-bach的肉类研究联合中心首先提出的，自此，这项技术日渐完善。

栅栏技术的工作原理是防腐败抗菌。在食品中的“栅栏”或“障碍”技术是与水分活性AW、温度、pH值、氧化还原电位Eh、有竞争性的微生物群落等因素有关。这些因素的缓和应用延长了食品的货架时间，提高了产品的质量，防止了因为微生物声场繁殖造成的腐败。一些含有较高水分活度的肉制品，应用栅栏技术可以降低AW，限制微生物的生长繁殖。一些禽肉制品如烤肉、火鸡肉、炖肉等潜力较大。在印度，用堂灶里烹饪法烧的鸡肉使用此技术可以在25℃下保存一周左右。

栅栏技术还可以和HACCP质量管理规程联合使用，以便探求每个产品的最适关键控制点。有了这项技术，发展中国家的一些肉制品量将会增长。

四、辐射保鲜

众所周知，通过对禽肉进行辐射可以降低其中微生物的含量，延缓食品的腐败。在所有的辐射方法中，γ-辐射具有强大

的穿透力，对禽肉的保鲜效应强。对肉制品使用普遍的有氧包装，在货架期内需冷藏才能抑制需氧的嗜冷菌。但只要采用1~3千戈瑞低剂量对禽肉进行辐射，就能强烈地防腐，延长货架期。比起冷冻的处理方法明显略胜一筹。

据报道，一些没有冷冻的肉制品如萨拉米香肠、法兰克福香肠、腊肠，辐射2.5千戈瑞剂量能延长货架期，这些产品在0~3℃下可保存15天。在这期间内，完全可以抑制肠细菌、大肠杆菌、葡萄球菌和沙门氏菌。印度Bombay的Bhabha原子研究机构研究表明，预包装的新鲜鱼使用2.5~3千戈瑞剂量γ-辐射时能在0~3℃下保存4周。

还有研究表明，将禽肉进行辐射后存放在28~30℃下的温度内，可贮藏42小时，并且可以抑制梭状芽孢杆菌、肠细菌和葡萄球菌。而没有被辐射处理过的禽肉在此温度下肢能存放18小时，这项试验在印度等一些国家得到证实，零售市场的新鲜肉几小时后已不可食用。

现在，英国、美国等15个国家都已经允许使用辐射保鲜延长肉制品的货架期，遗憾的是它的福射残留量限制了它的使用，这完全是为了考虑食用者的健康，这一点缺陷还需要未来更进一步的研究才能正确引导人类对辐射技术的使用。

第八章　水产品贮藏保鲜

第一节　活鱼的保鲜方法

水产品的贮藏以鲜实质上就是采用降低鱼体温度来抑制微生物的生长繁殖以及组织蛋白酶的作用、延长僵硬期、抑制自溶作用，推迟腐败变质进程。通常有以下几种方法。

一、冰藏保鲜

冰藏保鲜是历史最悠久的传统保鲜方法，也是使渔获物的质量最为接近鲜活品生物特征的方法，因而，冰藏保鲜是目前渔船作业最常用的保鲜技术。冰藏保鲜的对象最好是刚刚捕获的或者鲜度较好的渔获物。具体操作是在容器或船舱底部铺上碎冰，壁部也垒起一定厚度的冰墙，将渔获物整齐、紧密地铺盖在冰层上，然后在鱼层上均匀地撒上一层碎冰；如此这般一层冰一层鱼一直铺到舱顶部，在最上面一层要撒一些冰，铺的厚一些。这样渔获物可被冷却到0~1℃，一般在7~10天鲜度能够保持得很好。

二、冷海水保鲜

冷海水保鲜是把渔获物保藏在-1~0℃的冷海水中，从而达到贮藏保鲜的目的，这种方法适合于围网作业捕捞所得的中上层鱼类，这些鱼大多是红肉鱼，活动能力强，即使捕获后也活蹦乱跳，很难做到一层鱼一层冰那样地贮藏，如果不立即将其冷却降低温度，其体内的酶就会很快作用，造成鲜度的迅速下

降。具体操作方法是将捕获物装入隔热舱内，加冰和盐，冰的用量与冰藏保鲜时一样，盐的用量为冰重的3%，以使冰点下降。待满舱时，注入海水。并启动制冷设备进一步降温和保温，最终使温度保持在-1~0℃。加入海水的量与捕获量之比为3∶7。这种保鲜方法的优点是鱼体降温速度快，操作简单迅速，劳动强度低，渔获物新鲜度好。不足之处是需要配备制冷装置，并随着贮藏时间的增加，鱼体开始逐渐膨胀、变咸、变色。

三、微冻保鲜

微冻保鲜是将鱼获物保藏在其细胞汁液冻结温度以下的一种轻度冷冻的方法。在该温度下，能够有效地抑制微生物的生长繁殖和酶的活力。在微冻状态下，鱼体内部分水分发生冻结，微生物体内的部分水分也发生了冻结，这样就改变了微生物细胞的生理生化反应，某些细菌就开始死亡，其他一些细菌虽未死亡，但其活动也受到了抑制，几乎不能繁殖，于是就能使鱼体在较长的时间内保持鲜度而不发生腐败变质，与冰藏法相比，能使保鲜期延长1.5~2倍，即20~27天。

四、冻结保鲜

冻结保鲜就是将鱼体的温度降低到其冰点以下，温度越低，可贮藏的时间就越长。在-18℃时可贮藏2~3个月，在-30~-25℃可贮藏1年。贮藏时间的长短还与原料的新鲜度、冻结方式、冻结速度、冻藏条件等有关。水被冻成冰后，鱼体内的液体成分约有90%变成固体。随着水分活度的降低，微生物本身也产生生理干燥、造成不良的渗透条件，使微生物无法利用周围的营养物质，也无法排出代谢产物。没有水，大部分化学反应和生物化学反应不能进行或不易进行。因此，冻结保鲜能维持较长的保鲜期。

五、超冷保鲜

超冷保鲜技术是将捕获后的鱼立即用-10℃的盐水做吊水处理，根据鱼体大小的不同，可在10~30分钟内使鱼体表面冻结而急速冷却，这样缓慢致死后的鱼处于鱼舱或集装箱内的冷水中，其体表解冻时要吸收热量，从而使鱼体内部初步冷却，然后再根据不同贮藏目的及用途确定贮藏温度。超冷保鲜技术与非冻结和微冻有着本质上的区别。后者的目的保持水产品的品质，而超冷保鲜是通过超级快速冷却将鱼杀死和急速冷却同时实现，它可以最大限度地保持鱼体原本的鲜度和鱼品品质，原因是它能抑制鱼体死后的生物化学变化。

六、气调保鲜

鱼贝类中的高度不饱和脂肪酸二十二碳六烯酸（DHA）和二十碳五烯酸（EPA）的功能性，已经广泛引起人们的关注，它可以降血脂、降血压、提高记忆力等，但是在鱼贝类的贮藏保鲜过程中，这些脂肪酸特别容易被氧化，由此而产生的低级脂肪酸、羰基化合物具有令人生厌的酸臭味和哈喇味。这种不良的氧化作用可以用隔阻空气的气调包装来避免。水产品气调包装采用的气体是CO_2、N_2或真空包装。用气调包装来保鲜水产品能够保持好的颜色，防止脂肪氧化，抑制微生物，延长保鲜时间。

七、化学保鲜

化学保鲜是在水产品中加入对人体无害的化学物质，延长保鲜时间，保持品质的一种方法。用于化学保鲜的食品添加剂品种很多，它们的理化性质和保鲜机理也各不相同，有的是抑制细菌的，有的是改变环境的，还有的是抗氧化的。使用化学保鲜剂最为关注的问题是卫生安全性问题。在进行化学保鲜时，一定要选择符合国家卫生标准的食品添加剂，以保证消费者的身体健康。

第二节　鱼的保活方法

水产品活体运输的新方法越来越受到重视，保活运输是保持水产品最佳鲜度，满足需求的最有效方式，已成为水产流通的重要环节，水产动物活体运输的新方法主要有麻醉法、生态冰温法、模拟冬眠系统法、使用麻醉剂为活鱼长途运输创造了条件。麻醉剂可使水产动物暂时失去痛觉和反射运动，且发生良好的肌肉弛缓，现一般采用全身麻醉。常用的麻醉剂有乙醇、乙醚、二氧化碳、巴比妥纳等。生态冰温法，鱼、虾、贝等冷血动物都存在一个区分生死的生态冰温零点，或叫临界温度，从生态冰温零点到冻结点的这一温度范围叫生态冰温区。生态冰温零点很大程度上受环境温度的影响。把生态冰温零点阵低或接近冰点是活体长时间保存的关键。对不耐寒、临界温度在0℃以上的种类，驯化其耐寒性，使其在生态冰温零点范围也能存活。这样经过低温驯化的水产动物即使环境双温度低于生态冰温零点也能保持冬眠状态而不死亡。此时动物呼吸和新陈代谢非常缓慢，为无水保活运输提供了条件，降温宜采用缓慢降温的力法，一般降温梯度每小时不超过5℃。这样可以减少鱼的应激反应，减少死亡，提高成活率。通常有加冰降温和冷冻机降温两种方法。

活鱼无水保活运输器一般是封闭控温式，当处于休眠状态时，应保持容器内的湿度，并考虑氧的供应，极少数不用水的鱼暴露在空气中真接运输时，鱼体不能叠压。包装用的木屑要求树脂含量低，不含杀虫剂，并在使用时先顶冷。据报道，模拟冬眠系统法的研究包括一种把鱼类从养殖水槽转移到冬眠诱导槽的装置，然后将鱼转入一个温度维持在0~4℃的冬眠保存槽里或转运箱当鱼类转入苏醒槽时，由于休眠鱼类的肾功能降低，其排尿量非常少、可不需水循环。利用现有的免疫接种技术可以把冬眠诱导物质注入鱼体或直接应用渗透休克方法使其处于冬眠状态。

主要参考文献

王国才 . 2016. 农产品贮藏加工［M］. 北京：中国商业出版社.
吴智刚 . 2013. 农产品贮藏加工技术［M］. 北京：中国戏剧出版社.